# ÜBERFLIEGER

## Die vier Leben der SCHMETTERLINGE



DuG

# ÜBERFLIEGER

## Die vier Leben der SCHMETTERLINGE

FOTOGRAFIEN
Ingo Arndt

TEXTE
Veronika Straaß
Claus-Peter Lieckfeld

GESTALTUNG
Silke Arndt

Dölling und Galitz Verlag

# INHALT

RECHTS
Kleiner Fuchs

SEITE 18
Wiese, Großes Walsertal

# EINLEITUNG

## Sie sind nicht nur Glanzlichter der Evolution; sie sind auch Kulturgut, inspirierten Künstler aller Epochen.

Viele von uns Naturfreunden haben irgendwann mal gelesen, warum Schmetterlinge »Schmetterlinge« heißen: Es heißt, vor ein paar Hundert Jahren wollte man eine Vorliebe der Falter für Schmand, also für Sahne, bemerkt haben. Der Name Schmetten, ein anderes Wort für Schmand, blieb haften, obgleich wohl schon damals offensichtlich war, dass ein Schmetterling allenfalls zufällig auf Milchprodukte fliegt. Das englische »Butterfly« (Butterfliege) flattert ebenfalls am Ziel vorbei.
*Schmetter*ling ist etwa so daneben, als würde man Gazellen oder Rehe Dickhäuter oder Fische Pelztiere nennen. Man denkt unwillkürlich an »Schmettern«, also an blecherne Klangerzeugung. Dabei gibt es kaum etwas Zarteres, Geräuschloseres als den Schmetterlingsflug.

Hätte ich, Claus-Peter Lieckfeld, die notwendige Wort- und Definitionsmacht, ich würde das dänische »Sommerfugl« (Sommervogel) übernehmen und verbindlich machen. Auch das altgriechische »Psyche« (ursprüngliche Bedeutung: Hauch) für Schmetterling ist wunderschön, und »Papillon« (französisch) sowie »Mariposa« (spanisch) ist geradezu Musik.

**NACHTFALTER, DIE AM TAGE FLIEGEN**
Tagfalter wäre auch ein schöner Name, wenngleich irreführend und tendenziell falsch: Nur eine Minderheit – etwa jede zehnte Art – fliegt am Tag, die anderen sind Nachtfalter. Und um die Dinge noch weiter zu komplizieren: Am Tag fliegen auch etliche ursprüngliche Nachtfalterarten, die sich, warum auch immer, wieder der Sonne zugewandt haben.

Für die Nächtlichen hat sich im Englischen »moth« und umgangssprachlich auch im Deutschen der Begriff »Motte« eingebürgert. Auch das haut nicht wirklich hin; denn offensichtlich ist ein Mitglied der großen Familie der »Bären« oder der »Spinner« oder der »Schwärmer« kein Insekt, dessen Larven sich vom Inhalt unserer Wäscheschränke ernähren.

Überhaupt diese Namen! Viele Artbezeichnungen sind schiere Poesie: Adonisfalter, Mondvogel, Schwalbenschwanz, Kaisermantel, Aurorafalter, Goldene Acht oder Blutströpfchen.
Etliche Namen lassen die Assoziation spüren, die der Namensgeber hatte: PfauenAUGE oder C-Falter, wobei die gedanklichen Verknüpfungen auch lyrisch überhöht sein können: Landkärtchen oder Schachbrettfalter zum Beispiel.

Einige Namen erklären die Beziehung des jeweiligen Schmetterlings zu einem Lebensraum (zum Beispiel Kleines Wiesenvögelchen), oder aber sie verraten, wie zum Beispiel der Kohlweißling oder der Distelfalter, ihre jeweiligen Nahrungspflanzen. Kennt jeder. Aber auch Jakobskrautbär,

Hornklee-Widderchen, Ligusterschwärmer und Brombeerzipfelfalter sind »Suchbegriffe«.

Besonders vielsagend ist der Name des Eichenzipfelfalters: Der glänzend violettblaue, mit spitzen Zipfeln verzierte Schönling verbringt praktisch sein ganzes, vierstufiges Leben an und auf Eichen.[1]

Und dann gibt es noch die bizarr anmutenden Fälle von namensgebender Mimikry: Einige Schmetterlinge imitieren andere Insekten wie Hornissen (siehe Seite 22) oder Hummeln. Der Hummelschwärmer kopiert sogar mit weißen Borstenbüscheln die gefüllten Pollensäckchen der Hummeln.

**DIE VON SCHWÄRMERN SCHWÄRMTEN**

Man wird bemerken, wenn man bei den Literaten und Malern aller Zeiten anfragt (wir müssen uns das hier aus Platzgründen leider versagen), dass Schmetterlinge über die Jahrhunderte und Epochen bemerkt und gefeiert wurden. Der Literaturnobelpreisträger Hermann Hesse etwa und der große Erzähler Vladimir Nabokov, der 20 Arten entdeckte und erstbenannte, waren nicht nur Liebhaber der Flatterhaften, sondern auch exzellente Kenner und Sammler.

Ein gewisses Ungleichgewicht bei der Betrachtung und Würdigung der Schmetterlinge fällt genreübergreifend auf. Im Fokus derer, die auf Schmetterlinge fliegen – sei es mit wissenschaftlich geschultem Blick, sei es künstlerisch-ästhetisch motiviert –, sind fast immer die Imagines: also die fertigen Schmetterlinge. Ei, Raupe, Puppe dagegen kommen, wenn überhaupt, oft nur am Rande vor. Etwa als Vorstufen zur finalen Entfaltung.

### HAFTBEFEHL

In den 1830 gern wurde in San Fernando/Chile ein deutscher Naturforscher namens Renous wegen »Ketzerei« verhaftet. Die Anklage: Er behauptete, Raupen in Schmetterlinge verwandeln zu können. Einige Jahre später vertraute Renous Charles Darwin diese Geschichte an, der sie in »The Voyage of the Beagle« vermerkte.

**EINE LEBENSGESCHICHTE IN VIER KAPITELN**

Das Team[2], das sich zu diesem Buch entschlossen hat, war sich von Anfang an darüber einig, dass die vier Lebensstufen – Ei, Raupe, Puppe, Schmetterling – gleichberechtigt erzählt und bebildert gehören. Ei, Raupe, Puppe, Imago sind alle vier Lepidoptera; und die Attitüde vergangener Generationen, die gerne mal die Falter umschwärmten und die Raupen verachteten, darf nicht dadurch fortgeschrieben werden, dass man die Buntbeschuppten abfeiert, aber ihre vorherigen Stadien unter die Wahrnehmungsgrenze drückt. Das Falter-Wunder ist nicht nur die Vielfältigkeit, sondern auch die Vierfaltigkeit. Das ist eine Kernidee dieses Buches.

Aber Wunder schützt vor Verwundung nicht. Dass auch die zauberhaftesten Kreaturen, so jedenfalls steht es zu befürchten, bald nur mehr Purpurstaub sind, ist mittlerweile so leidlich bekannt. Wir müssen auch davon sprechen und fragen, was wir tun können, um den großen Exodus des Lebens zu stoppen.

Am besten – erster Schritt, den wir empfehlen –, wir verlieben uns erst einmal in Schmetterlinge. Liebe hilft oft weiter. Aber »Schmetterlinge im Bauch« wird nicht reichen. Bewusstsein als bewusstes Sein – als Nahesein bei Ordensband und Wasserfledermaus, bei C-Falter-Raupe und Schabrackentapir – wird dazukommen müssen.
Wird es? Es muss.

Veronika Straaß
Claus-Peter Lieckfeld

1 Wolfgang Dreyer, Welcher Schmetterling ist das? NABU/kosmos-Naturführer

2 Dazu gehören neben dem Fotografen Ingo Arndt und dem Autorenduo Straaß/Lieckfeld auch die Grafikerin Silke Arndt und der recherchierende Verleger Dr. Robert Galitz.

VORHERGEHENDE DOPPELSEITE
Russische Bären, Rhodos, Griechenland

LINKS
Paarung von Hornissen-Glasflüglern

# SICH FINDEN – SICH PAAREN
## UND EWIG LOCKT DAS WEIB(CHEN)

Wir würden gern etwas lyrischer beginnen, doch so ist es nun mal: Am Anfang steht der Sex. Das ist nicht nur bei den Schmetterlingen so. Aber noch vor dem Anfang steht das Sich-Finden, das Sich-Erkennen. Und genau das Coming-together ist bei Schmetterlingen ein vielseitiges Kapitel, das die Evolution über die Jahrmillionen – seit ca. 300 Millionen Jahren gibt es Schmetterlinge – den Lepidoptera in die Gene geschrieben hat.

Es gibt eine ganze Reihe von Möglichkeiten, zueinanderzukommen. Eine gängige Methode unter Tagfaltern ist es beispielsweise, sich an einem Ort zu »verabreden«, den Paarungswillige beiderlei Geschlechts kennen bzw. als solchen erkennen. Als Treffpunkt bieten sich Geländemarken wie Berggipfel oder Hügelkuppen an, die sich von der Umgebung abheben und schon von Weitem ins Auge fallen. Aber auch ein besonders hoch aufragender Baum, ein Turm, eine Burgruine oder sogar der Dachfirst einer Feldscheune eignen sich für die sogenannte »Gipfelbalz« oder, wie die Engländer sagen, für das »Hilltopping«.

Offenbar ist es so, dass die fittesten Männchen die besten – das sind in der Regel die höchstgelegenen – Plätze besetzen und gegen Konkurrenten verteidigen, damit sie sich für die anfliegenden Weibchen besonders erfolgreich positionieren können.
In unseren Breiten sind Segelfalter, Schwalbenschwanz und Kleiner Fuchs die bekanntesten »Hilltopper«. In den südlichen Vereinigten Staaten treiben es die Nymphaliden *Chlosyne californica* auf die Spitze: Die Falter treffen sich nicht nur zur Partnersuche an bemerkenswerten Orten wie Hügelkämmen, die Männchen steuern dort außerdem exponierte Bäume einer ganz bestimmten Art an. Im Gezweig oder in der Nähe suchen sie sich dann einen erfolgversprechenden Sitzplatz und vertreiben mit heftigen Flugattacken jeden Nebenbuhler, der sich in ihr kleines Hoheitsgebiet wagt.
Aber das System ist nicht starr; wäre es das, käme ja die übergroße Mehrheit aller Männchen nicht zum Zuge: Wird das Gedränge um einen Spitzenplatz gar zu groß, macht sich ein Teil der Männchen selbst auf die Suche und patrouilliert regelrecht die Abhänge entlang.

Doch wie jede gute Idee hat das Hilltopping neben Vor- auch Nachteile. Zwar verbessert Mann auf diese Weise mit relativ wenig Energie- und Zeitaufwand seine Chancen, eine Partnerin zu finden. Gleichzeitig steigt aber auch das Risiko, dass nicht nur die Weibchen, sondern auch Fressfeinde auf solche Sammelplätze aufmerksam werden, woraufhin »Schmetterlinge im Bauch« ruckzuck von der Metapher zur Realität wird.

NACHFOLGENDE DOPPELSEITE
Auf markanten Felskuppen – wie im französischen Nationalpark Haut-Languedoc – treffen sich manche Schmetterlingsarten zur Gipfelbalz.

Die Kometenfalter-Weibchen unterscheiden sich von den Männchen (rechts) nur durch die kürzeren »Kometenschweife«. Die Weibchen sind nur wenig kleiner als die Männchen.

*Argema mittrei* zählt mit bis zu 160 Millimeter Flügelspanne zu den größeren Schmetterlingen. In Freiheit kommt der Paradiesvogel unter den Schmetterlingen nur auf Madagaskar vor.

Die Methode, seine Frau unzugänglich für Nebenbuhler zu halten, wurde um 1400 erstmals beschrieben. Das Prinzip ist ein paar Millionen Jahre älter: Schmetterlingsmännchen basteln und applizieren – bei Bedarf – »Keuschheitsgürtel« aus Wachs. Aber die Weibchen halten dagegen.

## DER DUFT DER FRAUEN

Unauffälliger ist die Duftkommunikation vieler Nachtschmetterlinge. Da nachts alle Schmetterlinge grau und Geländemarken schwer erkennbar sind, liegt es nahe, Kontaktanzeigen per Duft aufzugeben. Die Weibchen vieler Nachtfalter sondern aus Drüsen am Hinterleibsende Sexuallockstoffe ab, die artgleiche Männchen regelrecht herbeirufen. Jede Art hat ihren einzigartigen Geruch, und so kommen Irrtümer bei der Partnerwahl praktisch nicht vor.

Die paarungsbereiten Weibchen haben den einfacheren Part: Sie sitzen einfach da, duften vor sich hin und müssen nur noch abwarten, bis der Wind ihre Lockstoffe den artgleichen Männchen zugetragen hat. Haben die den Duft der Frauen wahrgenommen, fangen sie ab einer bestimmten Konzentration an, gegen den Wind der Duftquelle entgegenzuflattern. Schon ein einziges Molekül löst einen Nervenimpuls aus, und wenige Moleküle genügen, damit die potenziellen Befruchter wissen, was Sache ist. Etwa 100 Meter Flugstrecke zum Weibchen sind guter Durchschnitt, aber fast nichts gegen die Spitzenleistung des Kleinen Nachtpfauenauges: Die Männchen spüren paarungswillige Weibchen sogar aus einer Entfernung von 16 Kilometern auf. Weltrekord – vermutlich.

## DIE SCHNÜFFLER

Für Schmetterlinge genügt es nicht, einen Geruch einfach nur wahrzunehmen. Sie müssen auch beurteilen können, aus welcher Richtung er kommt. Nur so finden die Männchen zum paarungsbereiten Weibchen. Ein mittig am Kopf sitzendes Organ wie unsere Nase wäre ein schlechtes Instrument zum Stereoriechen. Doch die beiden Fühler oder Antennen, die sich bei Bedarf auch noch weit spreizen lassen, sind perfekt fürs Richtungsriechen geeignet. Sie sind mit unzähligen haarförmigen Ausstülpungen übersät, deren geruchsempfindliche Zellen jeweils nach dem Schlüssel-Schloss-Prinzip auf ganz bestimmte Duftstoffe reagieren. Hochleistungsschnüffler wie die Männchen des Kleinen Nachtpfauenauges empfangen mit ihren federartig aufgefächerten großen Antennen jeden Dufthauch paarungsbereiter Weibchen. Anhand der unterschiedlichen Reizintensitäten an beiden Fühlern kann das Männchen ohne Weiteres ermitteln, aus welcher Richtung der Geruch kommt.

## DIE LICHTFRESSER

Woher weiß ein Schmetterlingsmännchen überhaupt, ob das Flatterwesen, das des Weges kommt, ein arteigenes Weibchen und damit anbalzenswert ist? Sieht es auf den ersten Blick, wen es vor sich hat? Beim Hauhechel-Bläuling (*Polyommatus icarus*) scheint das der Fall zu sein. Während ihrer Raupenzeit nehmen die Tiere mit den Nahrungspflanzen Flavonoide auf, eine Farbstoffgruppe, die UV-Licht absorbiert. Die Weibchen schlucken weit mehr von diesen Substanzen als die Männchen, was zu einem willkommenen Effekt führt: Da Flavonoide vor allem in den Flügeln eingelagert werden, zeichnet sich das artspezifische Flügelmuster bei den Weibchen besonders deutlich und strahlend ab. Ein Männchen sieht also auf einen Blick: Was da sitzt, ist meinesgleichen und noch dazu eine potenzielle Partnerin.

RECHTS

Hauhechel-Bläuling

NACHFOLGENDE DOPPELSEITE

Antennen eines Wiener Nachtpfauenauges

## HAUPTSACHE DUNKEL

Bei Samtfaltern funktioniert die Partnererkennung weit weniger perfekt; bei ihnen scheint sogar die Formel zu gelten, dass Liebe blind macht. Niko Tinbergen, Biologe und Nobelpreisträger, stellte schon in den 40ern des letzten Jahrhunderts Versuche mit Samtfaltern an.

Er fand heraus, dass Männchen in Paarungsstimmung reichlich undifferenziert zu Werke gehen. Sie fliegen auf alles, was dunkel und einigermaßen faltergroß ist und sich wippend vorwärts bewegt.

Das können auch artfremde Schmetterlinge sein oder Männchen der eigenen Art. Als die Forscher dunkle Pappschablonen in passender Größe an einer Art Angel an den wartenden Männchen vorbeizucken und -hüpfen ließen, nahmen die prompt die Verfolgung auf. Die Form schien dabei Nebensache zu sein; sogar vorbeizappelnde Pappkreise oder -quadrate lockten die Männchen aus der Reserve. Am besten kamen übrigens Falterattrappen an, die eigentlich zu groß und zu dunkel waren, um an ein arteigenes Weibchen zu erinnern. Hatten die Männchen womöglich Probleme mit dem Farbensehen? Keineswegs. Wenn es um das Aufspüren ertragreicher Blütentypen geht, sind Samtfalter sehr treffsicher. Aber beim Thema Weiblichkeit bevorzugen sie sogenannte »überoptimale Formen«.

Hat das Samtfaltermännchen schließlich ein paarungswilliges Weibchen gefunden, geht das Techtelmechtel nach kurzer Verfolgungsjagd am Boden weiter. Das Männchen läuft mit ruckartigen Schritten um das Weibchen herum, bis es ihm gegenübersitzt. Dann lässt es die Flügel sprechen: Mehrmals spreizt es die Vorderflügel, hebt sie und schließt sie mit einem Ruck wieder, und mit jeder Wiederholung werden die Bewegungen in einem Crescendo der Paarungpantomime ausholender und intensiver. Gleichzeitig lässt das Männchen die

LINKS
Der Klickfalter beherrscht die akustische Kommunikation.

RECHTE SEITE
Paarung Monarchfalter

Fühler in immer weiter ausholenden Kreisen rotieren. Das Finale der Samtfalterbalz ist die Verbeugung: Mit »vollendeter Eleganz«, wie Tinbergen schreibt, bringt das Männchen die Vorderflügel so weit nach vorne, dass sie die Fühler des Weibchens einrahmen. Während dieser Aufführung werden ihre Fühler unablässig von Herrenparfüm umweht, denn auf den Flügeln des tanzenden Männchens sitzen spezielle Duftschuppen, die ihrerseits Sexuallockstoffe verströmen. Ist das Weibchen genügend in Stimmung gebracht und paarungsbereit, bleibt es einfach still sitzen und hebt »einladend« die Flügel, so dass die Hinterleibsspitze frei liegt, während das Männchen rasch um die Dame herumtrippelt und seine ausgestülpten Begattungsanhänge in die entsprechende Struktur des Weibchens einhakt. Ist das Weibchen aber nicht zu einem Tête-à-Tête aufgelegt, etwa weil es bereits begattet ist, erteilt es dem Männchen mit mehrmaligem Flügelklappen eine Abfuhr. Und Nein heißt Nein. Meist stellt das Männchen seine Bemühungen sofort ein.

Sind sich die beiden aber einig geworden, bleiben sie nun Hinterteil an Hinterteil aneinander hängen – manchmal bis zu zwei Stunden lang. Aber was ist, wenn Gefahr droht und rasche Flucht angesagt ist? Dann fliegt das Weibchen davon, das angedockte, völlig passive Männchen im Schlepptau. Man ist versucht, das Anhänglichkeit zu nennen.

## HÖREN UND ERHÖRTWERDEN

Kurze Zwischenbilanz: sich auf Sicht nahe kommen, sich zielgenau erschnüffeln, sich zum Blind Date an besonderen Orten verabreden und … da fehlt doch was – zumindest nach menschlichem Ermessen: sich hören!
Nein, es fehlt nicht. Etliche Nachtschmetterlinge – genauer: deren Männchen – haben sich auf Serenaden, auf Nachtgesänge, verlegt. Sie singen im Ultraschallbereich (also mehr der Falsettgesang der Bee Gees als der Hammerbass des Johnny Cash), und der Gesang lässt die Damen im Wortsinne erschauern. Aber diese Reaktion hat nichts mit Begeisterung über männliche Balzgesänge zu tun. An *Ostrina nubilalis* hat man im südlichen Großbritannien entdeckt, dass die Weibchen die Jagdrufe von Fledermäusen nicht von Männerliedern unterscheiden können. Sie reagieren in beiden Fällen mit Schockstarre, was die *Ostrina*-Männchen prompt zum Vollzug ihrer Paarungsabsicht nutzen. Offenbar gelingt das häufig genug, um als Strategie etlicher Arten erbfest zu werden, aber es funktioniert nicht immer und überall. Weibliche Nachtschmetterlinge der Art *Eilema japonica* können sehr wohl zwischen Liebesgesängen

Es gibt Schmetterlingsweibchen, die die Jagdrufe von Fledermäusen nicht von den »Männerliedern« ihrer Art unterscheiden können. Sie reagieren in beiden Fällen mit Schockstarre, was die Männchen prompt für die Begattung ausnutzen.

und Jagdrufen unterscheiden, zwischen Liebeshunger und hungrigen Jägern. Und wie weiter? Das begattete Weibchen ist befruchtet und fertig? Nicht unbedingt.

Das Sperma wird im weiblichen Körper in einer Samenblase bevorratet, bis zu dem Moment, da das Weibchen die Eier einzeln oder in Gruppen ablegt – in der Regel auf den Pflanzen, die später die Nahrung der Raupen sein werden. Jedes Ei gleitet, bevor es deponiert wird, an der Samenblase vorbei und wird genau in diesem Moment, nur Sekunden vor der Ablage, befruchtet. Befruchtung in situ.

### KAMPF DER GESCHLECHTER

Naturgemäß muss es im Interesse eines Schmetterlingsmännchens liegen, dass sein Sperma sicher und unbehelligt in der Samenblase des Weibchens parat liegt bis zum

Die Männchen einiger Schmetterlingsarten setzen alles daran, dass ihr Sperma nicht von Konkurrenten verdrängt wird. Sie verkleben die Hinterteile der von ihnen begatteten Weibchen mit teils skurril anmutenden Wachsstöpseln. Aber die Weibchen einiger Arten wissen, wie man die Machwerke der Männer abweist.

Moment x. Doch solange die Eier nicht abgelegt sind, könnte theoretisch jeder Konkurrent mit seinem Sperma das des Vorgängers verdrängen. Kann Mann – in diesem Fall der Erstbefruchter – eine solche feindliche Übernahme verhindern? Ja – von Fall zu Fall. Einige Schmetterlingsarten haben ein brachiales Mittel im Programm: Stöpsel drauf! Sie schaffen es mit einem passgenauen Sekretstöpsel, die befruchtete Schmetterlingsfrau abzudichten, so dass kein anderer mehr zum Zuge kommen kann. »Einen andauernden Kampf der Geschlechter«, nennt Ana Paula dos Santos de Carvalho, Insektenforscherin am Naturkundlichen Museum von Florida, die seltsame Variante eines »Keuschheitsgürtels«. Die Männchen müssen viel Energie[1] in den Stöpselbau investieren. Die komplexen Strukturen aus einer wachsartigen Substanz werden in einer Art »Gussform« im männlichen Genitalapparat geformt. Da die Weibchen der meisten Arten separate Körperöffnungen für das Eindringen von Samen und für das Ausscheiden von Eiern haben, besteht nicht die Gefahr, dass sie für die Reproduktion untauglich, weil verklebt, sind.

Die Interessen der Männchen sind klar zu erkennen: Hat Mann ein Weibchen begattet, sollen keine Rivalen das siegreiche Sperma mit ihrer Samenspende wieder verdrängen. Ganz anders sehen die Ziele der Weibchen bei den betreffenden Arten aus: Sie streben an, einen möglichst gut durchmischten Samen-Mix einzulagern und nicht nur das Sperma eines Einzigen, der im ungünstigsten Fall genetisch zweite Wahl ist.

Bei einigen Arten schützt eine besonders glatte, tellerartige Umrandung der weiblichen Genitalöffnung vor unerwünschter Kleisterei. Bei anderen Arten hat de Carvalho entdeckt, dass die Struktur des Stöpsels zu aufwendig und materialreich sein müsste, um die Geschlechtsöffnung am Tiefpunkt eines Hohlraums zu blockieren. Mann müsste mehr Kraft und Material investieren, als ihm sein Energiehaushalt erlaubt.
Und warum der ganze Zirkus? Die Wissenschaftsautorin Lauren J. Young äußert eine Vermutung, die zumindest plausibel erscheint: »Die bemerkenswerte Vielfalt von Schmetterlings-Stöpseln könnte ein Beleg dafür sein, dass Sexualkonflikte auch Triebkräfte bei der Erschaffung neuer Arten sind.«
Letzte Vermenschlichung (versprochen!) in diesem Kapitel: Das Ganze erinnert an das Wechselspiel von Sich-Entziehen und Sich-Hingeben, das die verschiedensten Arten von Weltkunst hervorgebracht hat.

1 Lauren J.Young (2020): The complicated sex lives of butterflies. *Science Friday*, 17. November 2020

NACHFOLGENDE DOPPELSEITE
Mit den ersten Strahlen der Sonne kommt Leben in die Monarchfalter im mexikanischen Hochland. Und kaum haben sie Luft unter den Flügeln, beginnt das uralte Spiel: Männchen sucht Weibchen.

## KAMPF DER GESCHLECHTER

Leicht nachvollziehbar, dass jagende Fledermaus und bejagter Schmetterling (siehe Seite 123) entgegengesetzte Inter-essen haben: Fressen und Nicht-gefressen-Werden. Doch wer hätte vermutet, dass sich die Interessen von Schmetterling und Schmetterlingin derart heftig unterscheiden können!

SIE möchte in ihrer Samenblase einen guten Sperma-Mix parat haben – viele Lose im Topf erhöhen die Chancen auf gute Gewinnausschüttung. Mehrere Partner sind also erwünscht. ER möchte seine Gene gern exklusiv und von Konkurrenten ungefährdet weitergeben.
Als die Schmetterlingsforscherin Ana Paula dos Santos de Carvalho vom Naturkundemuseum der Universität Florida am Abdomenende des Regenwald-Schmetterlings *Euyades corethrus* auffällig lange Gebilde fand, dachte sie erst einmal an alte Beschreibungen, in denen solche Gebilde als »Samen-Katapulte« bezeichnet wurden. Vergleichende Studien brachten Klarheit: Es geht bei dem Anhängsel des auffallend schönen Schmetterlings ums Gegenteil: um tierische »Keuschheitsgürtel«.
Die beiden Grafiken oben zeigen einen Schmetterling namens *Acraea horta* und daneben den zugehörigen Paarungsstöpsel; darunter von links: drei Verstöpselungsvarianten. Die letzten drei Zeichnungen zeigen glatte Genitalbereiche, aus Sicht des Weibchens die Antwort auf unerwünschte Mörtelarbeit an ihrem Unterleib.

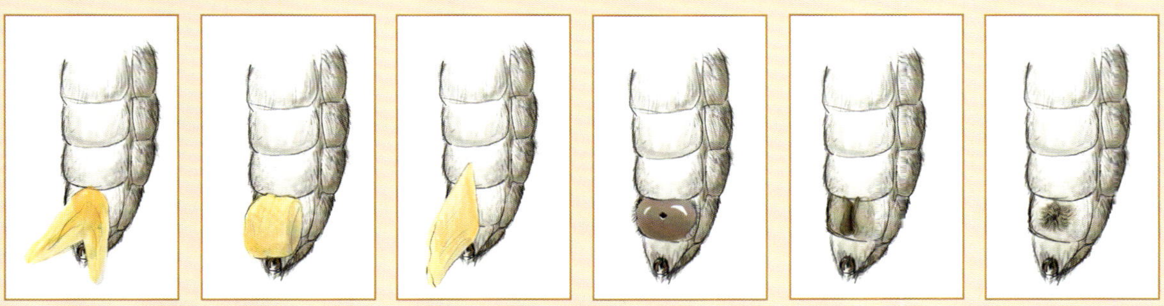

LINKS
Ei eines Heliconius-Schmetterlings an der Ranke einer Passionsblume, Südamerika

# DAS EI
## ... GLEICHT WIE (K)EIN EI DEM ANDEREN

Wenn der Volksmund die verblüffende Ähnlichkeit von Dingen betonen will, sagt er, sie glichen sich wie ein Ei dem anderen. (Vogel-)Eier finden sich zwar in unterschiedlichster Größe, Farbe und Musterung, aber die Form – oval mit einem leicht zugespitzten Ende – ist doch ziemlich einheitlich (»oval« ist übrigens vom lateinischen »ovum«, Ei, abgeleitet).

Ganz anders sieht es bei Schmetterlingseiern aus, die sich über das ganze gigantisch große Artenspektrum der Lepidoptera in einer Formenvielfalt darbieten, die wahrhaft unbeschreiblich ist.

### DER DOM DES FEUERFALTERS

Unbeschreiblich? Wir machen trotzdem einen kleinen Anlauf und skizzieren einige Bausätze. Schwalbenschwanz und Segelfalter tupfen kugelförmige Eier auf die sorgfältig ausgesuchte Unterlage. Aurorafalter fallen durch Eier auf, die einem »Pigskin« ähneln, das ist das Spielgerät, um das sich jeweils zwei Teams beim American Football reißen. Die Eier des Leguminosen-Weißlings erinnern an Gurken. Die des Fetthennen-Bläulings an winzige, versteinerte Schwämme. Feuerfalter formen kleine Dome, deren Oberflächen von Fünfecken gebildet werden. Es gibt gestreuselte, glatte, geriefte, gefurchte Oberflächen; und nur Urmutter Natur oder ein Schöpfergott wissen, warum wer welche Form und welche Oberflächenstrukturen hat und welche Farbe jeweils einer bestimmten Art zugeteilt ist.
Oder, in der Nomenklatur der Evolutionsökologen: warum welche womöglich extravagante Form erbstabil und artenspezifisch wurde, wenn doch jeweils nah verwandte Arten ganz andere Eier legen. Fragezeichen!

Die Vertreter der meisten Insektenordnungen legen Eier, die im Verhältnis zu ihrer Körpermasse ziemlich groß sind. Nicht so bei den Schmetterlingen. Ein Einzelei von *Grammia geneura*, einer Bärenspinnerart, bringt es beispielsweise nur auf 0,11% des Schmetterlingsgewichtes. Schmetterlinge der gemäßigten Zonen, deren Eier überwintern, wie bei Aurorafalter und Nierenfleck, legen meist erkennbar größere Eier als Arten, die in anderen Stadien (Puppe, Raupe, Imago) durch die kalte Jahreszeit kommen. Auch will man erkannt haben, dass Raupenarten, die Holziges mümmeln, aus größeren Eiern schlüpfen als »Weichkost«-Grünfutterfresser. Und von etlichen Bläulingsarten weiß man, dass sich ihre Eier signifikant unterscheiden, je nachdem, in welchem Lebensraum sie abgelegt werden.

### VOM WEICH- ZUM HARTEI

Das Standard-Insektenei – mithin auch das Schmetterlingsei – hat einen winzigen Zellkern, umgeben von viel Eigelb, geschützt durch eine dreischichtige Hülle. Diese Hülle schützt den Embryo vor Hitze, Kälte und Austrocknung. Sie setzt sich (von innen nach außen) zusammen aus dem Dotterhäutchen, darauf aufliegend einer Wachsschicht und schließlich dem Chorion – also dem, was wir als äußere Eihülle wahrnehmen. Das Chorion wird gebildet,

noch während das Ei in den Ovarien steckt. Diese Außenschicht aus Protein härtet unmittelbar vor der Eiablage oder kurz danach aus. Jedes Schmetterlingsei hat eine auffällige nabelartige Pore, die Mikropyle, durch die das Spermium in die Eizelle eingedrungen ist. Außerdem sind alle Schmetterlingseier mit unzähligen, mikroskopisch kleinen Poren übersät, den sogenannten Aeropylen, durch die Luft ins Ei-Innere eindringen und den wachsenden Embryo über Luftkammern mit Sauerstoff versorgen kann.

## GERUCHS-MIX ODER EINZEL-DUFTNOTE?

Allgemein bekannt ist, dass Schmetterlingsweibchen kurz vor der Eiablage jeweils die Pflanzenart ansteuern, deren Blätter oder Blütenblätter ihrem Raupennachwuchs schmecken und bekommen. So wie frisch geborene Säugetiere die Milchquelle oder Vogelküken fütternde Eltern in unmittelbarer Nähe haben müssen, brauchen die frisch geschlüpften Raupenwinzlinge die exakt richtige Futterpflanze unter ihren Stummelfüßen, von Anfang an.

Aber wie finden hochschwangere Weibchen die jeweils richtige Futterpflanze?

Ritsuo Nishida, Fachmann für chemische Ökologie an der Universität von Kyoto, stellt fest: »Obwohl das Erkennen der Futterpflanzen über viele Sinneseindrücke laufen kann – optische, olfaktorische und geschmackliche –, scheinen die chemischen Stimuli, die von Futter- und Nicht-Futterpflanzen ausgehen, eine wesentliche Rolle ... zu spielen.« Wie ein Schmetterling aus dem Multi-Mix von Pflanzendüften den für ihn relevanten herausdestilliert und ihn gewissermaßen zum Lande-Leitstrahl für den Anflug auf das richtige Kraut macht, ist unbekannt. Was man wissen müsste, um mehr zu wissen, ist laut Ritsuo Nishida: Nimmt der Schmetterling gleichzeitig das Gemisch aller Gerüche auf? Oder hat er eine

OBEN

Ein Morphofalter *(Morpho peleides)* klebt seine Eier auf ein Blatt ...

RECHTE SEITE

Ein bis zwei Wochen später schlüpfen die winzigen Raupen.

Schmetterlinge wissen nicht nur, an welche Pflanzen sie ihre Eier heften müssen, sie taxieren auch den Zustand und das Umfeld der Wirtspflanzen.

LINKS
Krallen des Monarchfalters *(Danaus plexippus)*

Vielzahl von Chemorezeptoren, die jeweils einzeln bedient werden?

### KAISERMANTEL MIT VEILCHEN

Es reicht der Schmetterlingsmutter allerdings nicht, dass eine Pflanze richtig duftet. Auch die Beschaffenheit muss passen. Manch ein Schmetterlingsliebhaber, der (bereitwillig den Aufrufen zur insektenfreundlichen Gartengestaltung folgend) Brennnesseln rund um den Komposthaufen stehen gelassen hat, mag sich wundern, warum die besonders fetten Nesselexemplare vom Kleinen Fuchs gemieden, die kümmernden, randständigen aber gern »belegt« werden. Auch das Landkärtchen meidet stark ge-/überdüngte Brennnesseln. Zu fett ist offenbar unbekömmlich – nicht nur für Menschen.

Welche individuelle Pflanze »richtig« ist und welche nicht, finden die Weibchen vieler Schmetterlingsarten heraus, indem sie die Blattoberfläche mit den Krallen an den Spitzen des vorderen Beinpaares leicht verletzten. Duftet und schmeckt es richtig, sind sie auf der Suche nach der idealen Raupenfutterpflanze schon einen Flügelschlag weiter.
Doch auch das Mikroklima muss stimmen. Luftfeuchtigkeit in Bodennähe und Besonnung müssen genehm sein, damit die Eier weder austrocknen noch verschimmeln. Die Treffsicherheit der Weibchen ist schon deshalb bemerkenswert, weil die Ablageplätze zum Zeitpunkt der Eiablage nicht unbedingt schon das Ambiente haben, das wenig später für die Raupenwinzlinge überlebensnotwendig ist. Die Mutter antizipiert.

Das System Futterpflanze/Raupe ist flexibel. Der Kaisermantel zum Beispiel klebt seine Eier mit einem Sekret an die Rinde von Bäumen, von denen er »weiß«, dass an deren Stammfüßen Veilchen wachsen werden, Kaisermantel-Raupenkost.
Vergleichsweise wurstig können die Augenfalter (bezeichnenderweise auch »Grasfalter« genannt) mit ihren Eiern umgehen, denn ihre Raupen sind nicht auf spezielles Futter angewiesen, sie fressen verschiedene Gräser auf Magerwiesen. Das Schachbrett zum Beispiel klebt seine Eier nicht, wie andere Falterweibchen, auf die Blattunterseiten bestimmter Wirtspflanzen, sondern lässt sie einfach auf den Boden fallen. Die schlüpfenden Raupen suchen sich ihre Futtergräser selbst, und dank ihrer raffinierten braunen und grünen Tarnfärbung bleiben genügend von ihnen unentdeckt.

Apropos »unentdeckt«: In unseren Tagen, dem beginnenden Antropozän mit dem größten Massenartensterben seit dem Meteoriteneinschlag vor 66 Millionen Jahren, werden viele Schmetterlingsarten verschwinden. Viele davon unentdeckt.

Richtig, liebe Leserinnen und Leser … das ist kein guter Kapitelabschluss: Aber es ist uns nicht möglich, über die faszinierende Wunderwelt der Flatterhaften, der Schillernden, der Wandelbaren zu schreiben, ohne Wundschmerz zu spüren … und mit Ihnen zu teilen.

OBEN
Schwalbenschwanzei, angeklebt an die Unterseite eines Blattes

MITTE
Eier des Blauen Morpho in einem frühen Entwicklungsstadium

UNTEN
Eier eines Bananenfalters *(Caligo memnon)*, Costa Rica

RECHTE SEITE
Bevor das Heliconius-Weibchen sein Ei auf genau dieser Ranke ablegte, hat es deren Geschmack, Geruch und Beschaffenheit genau überprüft.

NACHFOLGENDE DOPPELSEITE
Nur ein geschultes Auge findet in Regenwäldern Schmetterlingseier, hier Ecuador.

LINKS
Schwalbenschwanzraupe

# DIE RAUPE
## WARUM RAUPEN HIN UND WIEDER AUS DER HAUT FAHREN MÜSSEN

**FRESSEN, OHNE GEFRESSEN ZU WERDEN**

Raupen unterscheiden sich von Schmetterlingen so stark, dass man die »Würmer« lange Zeit für eigenständige Lebewesen hielt.
Bis vor etwa 340 Jahren konnte sich fast niemand vorstellen, dass sich das ewig knabbernde, wurstförmige Etwas tatsächlich in einen schwerelosen Falter verwandeln könnte. Hätte den Naturkundlern des 17. Jahrhunderts nicht auffallen müssen, dass Würmer mit Beinen irgendwie nicht ins Schema Wurm passen? Raupenbeine sind zwar unscheinbar, aber angemessen für ein Leben der kurzen Wege.

Raupen sind nicht gerade geborene Fußgänger. Und sie bewegen sich doch.

John Brackenbury, Wissenschaftler an der Abteilung für Anatomie an der britischen Cambridge University, gibt eine präzise Beschreibung: »Während der Vorwärtsbewegung läuft eine Welle von Kontraktionen, gefolgt von Entspannung, durch den Körper von hinten bis zum Kopf. Dabei kommt der charakteristische wandernde Buckel zustande, der sich auf dem Raupenrücken abzeichnet. Wo die Welle gerade durchläuft, wird das jeweilige Segment vom Boden abgehoben, teleskopartig vorwärts gestülpt und dann wieder abgesenkt.« Und alles nur, um unausgesetzt an Blattgrün zu gelangen.

**ICH FRESSE, ALSO BIN ICH**

Für Raupen gibt es in der Tat nur einen Programmpunkt: fressen. Während viele Schmetterlingsarten als erwachsene Tiere überhaupt nichts mehr zu sich nehmen und buchstäblich von Luft und Liebe leben, mümmeln Raupen vier bis fünf Wochen lang bis zur Verpuppung pausenlos vor sich hin. 100 Raupen des Kleinen Nachpfauenauges zum Beispiel fressen vom Schlupf bis zu ihrer Verpuppung einen drei Meter hohen Weidenbusch komplett kahl. Man kann den winzigen Räupchen förmlich zusehen, wie sie wachsen. Der Nachwuchs des Seidenspinners beispielsweise wächst bis zur Verpuppung auf die 30-fache Länge und auf das 7000-8000-Fache des Ausgangsgewichts heran. Das schafft ein Zentralproblem: Die Chitinhülle, in der die Heranwachsenden stecken, macht diese Vergrößerung nicht mit. Die Raupen müssen während ihrer Raupenzeit vier- bis fünfmal buchstäblich aus der Haut fahren, um von ihrem einengenden Chitinkorsett nicht erdrückt zu werden.

Wer ständig frisst, muss auch ständig verdauen können. Wie schaffen Raupen das? Nutzen die Fresspakete besonders effizient arbeitende kleine Helfer, wie sie auch unseren Darm bevölkern? Beherbergen sie Mikroben und symbiontische Bakterien, die ihnen die Verdauungsarbeit erleichtern? Tobin Hammer, ein Evolutionsökologe an der Universität von Boulder/Colorado, untersuchte 124 Raupenarten mit ganz unterschiedlichen vegetarischen Vorlieben. Er und sein Team fanden absolut nichts, was man als »Untermieter-Mikroben« im Raupendarm werten könnte. Zum Vergleich: Rinder und andere Vegetarier brauchen erlesene Kleinzoos an Verdauungshelfern, um

Die Raupe des Atlasspinners *(Attacus atlas)* wird bis zu 11,5 cm groß; der erwachsene Falter ist einer der größten Schmetterlinge.

Atlasspinnerraupe nach der Häutung. Der wachsartige weiße Überzug verdirbt Fressfeinden offenbar gründlich den Appetit.

besonders die Zellwände von Grünzeug aufzubrechen. Raupen dagegen benötigen: nichts.

### DAS RÄTSEL DES RAUPENDARMS

Das schien den Forschern so unwahrscheinlich, dass sie argwöhnten, bei ihren Forschungsreisen durch den Raupenverdauungstrakt etwas übersehen zu haben. Hammer und sein Team verabreichte ihren Labortieren, den Raupen des Tabakschwärmers *(Manduca sexta)*, Antibiotika in steigender Dosierung. Übersehene Mikroben hätten davon abgetötet werden müssen, und das Wachstum der Raupen wäre anschließend ins Stocken geraten. Aber die Probanden stoffwechselten unbeeindruckt weiter; es ging ihnen weder besser noch schlechter. Kurzum: Das innere Geheimnis von Raupe Nimmersatt zu lösen, bleibt wohl künftigen Forscherteams vorbehalten.

Bei einigen Raupen erübrigt sich die Frage nach Symbionten von vornherein: Da sie kein Grünzeug mit schwer verdaulichen Zellulose-Zellwänden fressen, sind ohnehin keine Verdauungshelfer zu erwarten. Sie verköstigen sich mit … Insekten! Auf der Inselwelt von Hawaii gibt es einige Spannerarten, deren Raupen auffallend große Brustbeine mit ungewöhnlich kräftigen Krallen haben. Wenn eine Fliege in ihre Nähe kommt, lassen sie blitzschnell ihren Vorderkörper Richtung Beute schnalzen und packen zu. Ihre Jagdtechnik erinnert an eine jagende Gottesanbeterin. Auf Hawaii gibt es keine Fangschrecken; die Raupen scheinen also diesen frei gebliebenen Posten in der Fauna der Inseln besetzt zu haben.[1]

### WENN RAUPEN RAUPEN FRESSEN

Manche Raupen verspeisen sogar ihre eigenen Artgenossen. Dass die Fresser von Fall zu Fall und besonders bei Nahrungsknappheit übereinander herfallen, wurde schon öfter mal beobachtet und beschrieben.

Dass sich aber dahinter Sinn und Veranlassung durch die Pflanze verbergen (können), enthüllte John Orrock von der Universität Wisconsin. Er fand heraus, dass Tomatenpflanzen einander mit einem gasförmigen Pflanzenhormon warnen können, wenn sie von Insekten angeknabbert werden. Dieses Hormon – Jasmonsäuremethylester – bewirkt, dass benachbarte Tomatenpflanzen eine toxische Substanz produzieren, die sie für Insekten weniger nahrhaft macht. Die Folge: Die hungrigen Raupen kehren den Tomatenpflanzen den Rücken und fallen stattdessen über ihre Artgenossen her. Feindabwehr, indem man Feinde aufeinander hetzt. Hier zeigt sich eine besonders ausgefeilte Variante von »Räuber-Beute-Verhältnis«. Biologen kennen zahllose Beispiele dafür, dass »Rüstung« und »Nachrüstung« von Fressern und potenziell Gefressenen starke Taktgeber und Beschleuniger der Artenentwicklung sind. So wie der afrikanische Spitzenrenner Gepard die Antilopen schneller macht, sorgen Blattfresser zwangsläufig dafür, dass Pflanzen ihre Abwehrarsenale anschärfen.

### MENUE À LA REINE

Schon länger ist bekannt, dass sich die Raupen einiger Schmetterlinge von Ameisen durchfüttern lassen.
Sie ahmen den Nestgeruch der Ameisen so perfekt nach, dass sie gewissermaßen eine geruchliche Tarnkappe tragen und nicht als Eindringlinge erkannt werden. Aber damit nicht genug. Francesca Barbero von der Universität Turin fand heraus, dass sich Ameisenbläulinge der Gattung Maculina mit einem Trick eine Vorzugsverköstigung im Ameisenbau erschleichen:
Sie erzeugen durch Aneinanderreiben von Körperteilen hohe Quietschtöne, die den akustischen Signalen der Ameisenköniginnen ähneln. Prompt werden sie königlich gepflegt und gefüttert, sogar dann noch, wenn in Notzeiten die Nahrung für die Ameisenbrut schon knapp wird.

LINKE SEITE

Raupe des Totenkopfschwärmers

*(Acherontia atropos)*

1 Montgomery Steven L. (1983): Carnivorous caterpillars: the behavior, biogeography and conservation of Eupithecia *Lepidoptera: Geometridae* in the Hawaiian Islands. *GeoJournal* 7: 549-556.

LINKS
Verlassenes Raupengespinst von Mondvogelraupen *(Phalera bucephala)*

RECHTE SEITE
Mondvogelraupen sind in ihren frühen Entwicklungsstadien sehr gesellig.

NACHFOLGENDE DOPPELSEITE
Lebensraum Blumenwiese

## GIFT ALS MITGIFT

Mit einem ganzen Arsenal an Abwehrstoffen geht auch der Wilde Tabak gegen seine gefräßigen Feinde vor, die Raupen des Tabakschwärmers *(Manduca sexta)*. Allerdings gibt's da einen kleinen, aber wichtigen Unterschied: Während die Tomatenpflanzen sofort heftig gegen die Fresser angiften, reagiert eine Tabakpflanze, die von frisch geschlüpften Raupen angeknabbert wird, zunächst mal überhaupt nicht. Erst nach etwa vier Tagen fährt sie die Giftproduktion hoch, und ein paar Tage später ist die Giftkonzentration in den Blättern ausreichend, um die Raupen zum Abwandern zu bewegen.

Aber warum wehrt sich die Pflanze so spät? Weil sie auf diese Weise die Raupen für ihre Zwecke einspannen kann: Erst mit etwa zehn Tagen sind die Raupen groß und beweglich genug, um auf die Nachbarpflanzen umsiedeln zu können. Da diese Nachbarn durch die befallene Pflanze nicht vorgewarnt wurden, trifft sie der Überfall der gefräßigen Horden unvorbereitet und schädigt sie ganz erheblich. Für die ursprünglich angeknabberte Pflanze ist das ein erfreulicher Umstand: Ihre von den Raupen heimgesuchten Nachbarn sind zumindest für diese Saison geschwächt; somit hat sie selbst dank ihres Verzögerungstricks weniger Konkurrenz und damit verbesserte Überlebenschancen. In ihrer Heimat, den Wüstengebieten Arizonas, ist jeder Konkurrent weniger ein Gewinn.

## RÜSTUNGSSPIRALEN

Das Verhältnis zwischen Pflanze und Raupe ist ein ständiges Wettrüsten. Mal liegt die Pflanze vorn, mal die Raupe. Die Larve von *Theroa zethus* aus der Familie der Zahnspinner beispielsweise macht sich ungestraft über Wolfsmilchgewächse her. Das ist eigentlich keine gute Idee, denn normalerweise wehrt sich Wolfsmilch gegen zupackende Mäuler und Mandibeln sehr effizient mit einem ätzenden Milchsaft, der an der Luft zu einer gummiartigen Substanz geliert. Aber davon lässt sich die *Theroa*-Raupe nicht beeindrucken. Sie kratzt zunächst mit ihren Mandibeln die schützende Wachsschicht von den Blättern und träufelt dann in das freiliegende Pflanzengewebe eine Säure. Dort, wo Theroa zugebissen und verätzt hat, welkt das Wolfsmilchblatt. Die Flüssigkeit führenden Kanäle sind abgeschnitten; die Raupe kann »in Fließrichtung abwärts« futtern, ohne von einem Tsunami von Latex erwischt zu werden.[1]

1 »A caterpillar's acidic weapon against plant gunge«, *nature* 10. Juli 2019.

Brennhaare scheinen DER Clou zu sein, um Fressfeinde zuverlässig abzuschrecken. Schon der Anblick einer haarigen Raupe hält die allermeisten auf Abstand.

**CATCH ME IF YOU CAN**

Es gibt aus Sicht von Vögeln mit Eiweißhunger wohl kaum ein gefundeneres Fressen als Raupen: Sie sind (meist) fett, sehr eiweißreich und zu langsam für erfolgreiche Fluchten, will sagen: leicht vom Blatt zu picken. Wie kann ein solches »Lebewesen des Übergangs« überhaupt überleben? Hätte nicht der große Wurf der Evolution – Insektenentwicklung in vier Stufen – eigentlich als toter Ast enden müssen, weil mindestens eine Entwicklungsstufe, nämlich die des Raupendaseins, zu anfällig ist für finale Feindberührung? Nein.

Schmetterlingsraupen sind keineswegs so wehrlos und ausgeliefert, wie sie uns erscheinen. Eine beachtliche Zahl von Raupen hat Mittel und Wege gefunden, das Gift ihrer Futterpflanzen für den eigenen Schutz zu nutzen. Die Raupen von Wolfsmilchschwärmer *(Hyles euphorbiae)*, Jakobskrautbär *(Tyria jacobaeae)* und vielen anderen sind selbst immun gegen das Gift ihrer Pflanzen, werden aber dank der toxischen Nahrung selbst zu wahren Giftzwergen. Mit einem spektakulären Kostüm warnen sie Vögel dringend davor, sie zu verspeisen: der Wolfsmilchschwärmer in Schwarz mit weißen Tupfen und roter Rückenlinie, roter Kopfkapsel und roten Beinen, der Jakobskrautbär mit gelb-schwarzen Ringeln, die an die Warntracht der Wespen erinnern. Noch wirksamer und nicht nur für Fressfeinde gefährlich sind die Waffen des berüchtigten Eichenprozessionsspinners. Wo sich die haarigen Raupen durchs Eichenlaub nagen, können nur noch Fachleute mit Spezialgerät und in Schutzkleidung Abhilfe schaffen. Die hauchfeinen Brennhaare der Raupen sind es, die sie so gefährlich machen. Eingeatmet, führen sie zu schwersten Atembeschwerden, geraten sie auf die Haut, verursachen sie üble Hautausschläge. Im schlimmsten Fall sind die allergischen Reaktionen so heftig, dass Lebensgefahr besteht. Auch abgestoßene Raupenhüllen können noch ihre Brennhaare mit jedem Windstoß in die Welt schicken, die Wirkung bleibt jahrelang bestehen.

Zu den wenigen Fressfeinden, die dennoch Geschmack an den haarigen Häppchen finden, gehört der Kuckuck. Auch Ameisen, einige Schlupfwespen, Raubwanzen und Käfer lassen sich von den Brennhaaren nicht abschrecken.

EIN PATENT DER NATUR

Chitin – der Name leitet sich vom griechischen »chitón« (Hülle) ab – ist der Stoff, aus dem das Außenskelett von Schmetterlingen und allen anderen Insekten, von Spinnen, Tausendfüßern und Krebsen gebaut ist. Aber auch in Schwämmen und Pilzen findet sich Chitin. Seit rund einer halben Milliarde Jahre sind Lebewesen imstande, diesen Universalbaustoff zu produzieren. Chemisch betrachtet ist Chitin durchaus nichts Simples; die Strukturformel ist kompliziert, die Summenformel beeindruckend: $C_8 H_{13} NO_5$.

Im Tierreich ist Chitin in Kombination mit Protein und Calciumcarbonat in allen terrestrischen und maritimen Lebensräumen anzutreffen. Und natürlich erfüllt es ein Generalgebot der Natur: Chitin ist abbaubar.

RECHTS

Wegen ihrer Brennhaare gefürchtet: die Raupen des Eichenprozessionsspinners

NACHFOLGENDE DOPPELSEITE

Die Raupe eines Schneckenspinners *(Acharia nesea)* und eine parasitierende Wespe, Costa Rica

LINKS
Stachel-»Hemd« einer Pfauenspinnerraupe
*(Syssphinx mexicana)*, Costa Rica

RECHTS
Kein Bissen für Zartschnäbel: Raupe eines
Pfauenspinners *(Lonomia cyniva)*, Venezuela

LINKS
Schön, aber auch ganz schön sperrig:
eine Pfauenspinnerraupe *(Automeris banus)*,
Costa Rica

RECHTS
Abwehrbereit: Pfauenspinnerraupe
*(Automeris zozine)*, Costa Rica

Schneckenspinnerraupe auf einem
Guanacasterblatt

Bärenspinnerraupe mit Abwehrpelz,
Elfenbeinküste

Raupe einer Flanellmotte (Megalopygidae), Costa Rica (neuerdings auch Trump-Raupe genannt).

Brennhaare scheinen DER Clou zu sein, um Fressfeinde zuverlässig abzuschrecken. Schon der Anblick einer haarigen Raupe hält die allermeisten auf Abstand – eine Wirkung, die sich auch Nachahmungstäter zunutze machen. Ein Forscherteam um Gustavo Londoño fand im Regenwald Perus das Nest eines Tityra-Vogels *(Laniocera hypopyrra)* mit Jungen darin, die von oben betrachtet verblüffend den giftigen, haarigen Raupen der Flanellmotten ähnelt. Die Küken tragen ein leuchtend orangefarbenes Dunenkleid, das wie ein Raupenpelz aussieht; und wie um die Täuschung noch zu perfektionieren, gleiten sie mit langsamen Schlängelbewegungen durchs Nest, die verblüffend an die Bewegungen von Futter suchenden Raupen erinnern. Sobald der fütternde Elternvogel auftaucht und einen Lockruf ausstößt, tauchen unter der Dunenkapuze ein Vogelschnabel und zwei Knopfaugen auf; und die Raupe wird wieder zum Vogelküken.

Manche Raupen, wie die des Oleanderschwärmers *(Daphnis nerii)* (links) oder die drei Raupen aus der Familie der Pfauenspinner (Gattung Oxytenis; rechts), »starren« potenzielle Fressfeinde mit ihren Augenflecken drohend an. Einige geben sich sogar einen Schlangen-Look.

Die Raupe von *(Papilio thoas)*, einer Schwalbenschwanzart, sieht Vogelkot zum Verwechseln ähnlich, Costa Rica.

Wenn die Vogelkot-Maskerade (siehe links) durchschaut wird, richtet sich die Raupe halb auf und stülpt zwei warnfarbene Hörnchen aus.

LINKE SEITE
Die Spannerraupe ist perfekt als Zweig getarnt.

OBEN
Edelfalterraupe auf einem Blatt

NACHFOLGENDE DOPPELSEITE
Die Raupe des Buchen-Zahnspinners *(Stauropus fagi)* imitiert eine Ameise, Deutschland.

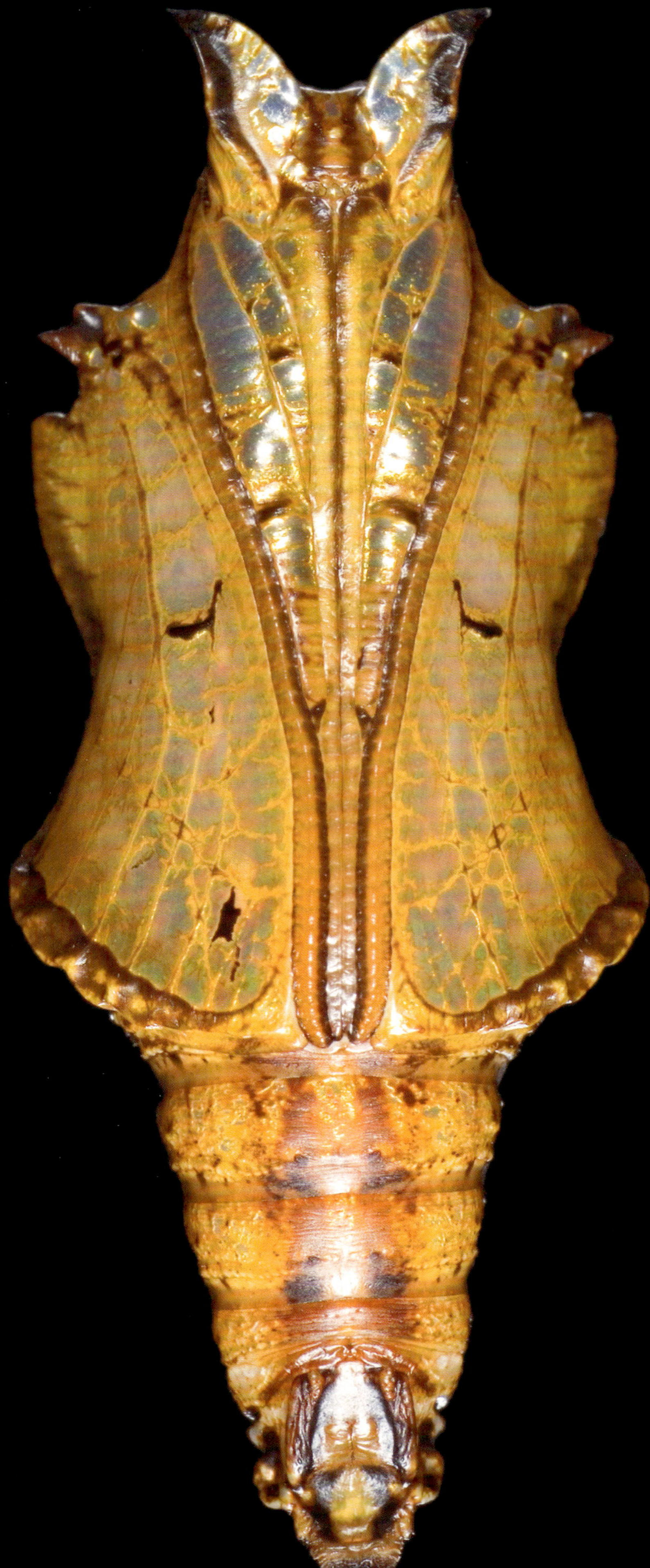

LINKS
Puppe des Asiatischen Eisvogels *(Athyma perius)*

# DIE PUPPE
## PUPPENSPIELE DER NATUR

Wer sich verschiedene Schmetterlingspuppen nebeneinandergelegt betrachtet, könnte auf die Idee verfallen, hier hätte Peter Carl Fabergé (1846–1920), der weltberühmte St. Petersburger Goldschmied, bis dato unbekannte Meisterwerke hinterlassen. Dabei handelt es sich »nur« um die Hüllen, in denen sich aus Raupen Schmetterlinge entwickeln. Trickkisten, in denen die Natur aus »Wurm« »Wunder« macht. Kreaturen der Verwandlung. Oder etwas nüchterner: Die Puppenhülle ist das ausgehärtete »letzte Hemd« der Raupe, in der sie nicht mehr wachsen, sondern sich wandeln wird. Die Wind- und Wetterjacke für die Metamorphose. Einige Arten – der Seidenspinner ist das berühmteste Beispiel – wickeln sich zusätzlich in schützendes, selbst gesponnenes Material.

Etliche Tagfalterarten schlüpfen aus Chitinhüllen, die im Expertenjargon »Stürzpuppen« heißen: Das ausgehärtete letzte Raupenkleid wird kopfüber, fast frei schwebend, an einer Unterlage befestigt. »Gürtelpuppen« tragen noch zusätzlich eine Art sicherndes »Taillenband«, das sie in aufrechter Stellung hält. Viele Puppen sind nackt und müssen daher optimale Tarnungsqualitäten haben. Nachtfalterarten wie der Wolfsmilchschwärmer verstecken ihre Puppen am und im Boden. Spitzeninvestitionen in Tarnung sind eher nicht nötig.

Es gibt Puppen, die für Vogelaugen und auch das menschliche Auge schwer zu erkennen sind, wie die des Ulmen-Harlekins, die an ein verschrumpeltes Stück Holz erinnert. Andere Raupen, die sich zur Wandlung einspinnen, verschaffen sich den Vorteil unkommoder Verzehrbarkeit. Entsprechend können sie auf Tarnung weitgehend verzichtern.

Die Seidenraupen, die bekanntesten Vertreter unter den Kokonproduzenten, spinnen aus Hochleistungsdrüsen an der Unterlippe bis zu 900 Meter lange Fäden, in die sie sich mit gezielten Kopfbewegungen wickeln. Sie nutzen zum Erwachsenwerden also Puppenhaut mit Außenfuttermänteln.

Wie genau sich der noch stark komprimierte Schmetterling aus der Puppenhülle befreit, ist schon deshalb eine spannende Frage, weil das schlüpfende Flugwesen ja nicht mehr die Beiß- und Fresswerkzeuge seiner Vorgängerexistenz, der Raupe, hat. Die künftigen Schmetterlinge beherrschen die Technik des Aus-der-Haut-Fahrens durch Sprengung. Der Innendruck in der Puppe nimmt so stark zu, dass das Hemd – meist im Kopf- und Brustbereich – reißt und so den Übertritt in ein neues Leben ermöglicht.
Damit das gelingt, muss sich noch etwas, im Wortsinne, entfalten, etwas, das wie der sichtbare Schlusspunkt der ansonsten unsichtbaren Metamorphose wirkt: Das feuchte Wesen muss mit angelegten, patentgefalteten Flügeln seine Umhüllung verlassen, um dann nach Möglichkeit in der Sonne zu trocknen. Durch Erhöhung des Hämolymphendrucks, also des »Insekten-Blutdrucks«, und Aufnahme von Luft steifen sich die Flügel bis zur Flugbereitschaft. Metamorphose fertig.

Die Puppe des Schwalbenschwanzes hängt während der Metamorphose in einem Gürtel aus Gespinstfäden.

Die Alternative zur Gürtelpuppe (links) ist die Stürzpuppe, wie beim Kleinen Fuchs: Seine Puppenhülle ist kopfüber aufgehängt.

NACHFOLGENDE DOPPELSEITE
Die Raupen aus der Familie der Glucken sind Kokonspezialisten. Sie heften ihr Gespinst an Blattunterseiten.

LINKE SEITE

Die letzte Raupenhaut platzt (3. Bild der Sequenz). Und aus ihr hervor schiebt sich die Puppe. Gesamtdauer der dokumentierten Abfolge: 10 Minuten.

OBEN

Ein bis zwei Tage dauert es, bis die Puppenhülle ausgehärtet ist.

Es ist eines der alltäglichsten Dinge im Weltreich der Schmetterlinge und dennoch zauber- bis rätselhaft: In zerbrechlichen Hüllen wird in zwei bis vier Wochen aus dick und plump zart und beweglich.

Aber wir, beziehungsweise die Lepidopterologen (Schmetterlingsforscher), sind noch immer nicht fertig damit, dieses Naturwunder en detail zu begreifen. Das Phänomen Metamorphose ist erst spät annähernd richtig erfasst worden. Noch für Johann Wolfgang von Goethe (1749–1832), der leidenschaftlich über Metamorphose forschte, war sie … etwas ganz anderes: die Entwicklung aller Pflanzen aus einer Urpflanze, die er in Italien zu finden hoffte. Sein Verständnis von Metamorphose erinnert etwas an die nur wenig nach seinem Tod manifestierte Erkenntnis des Charles Darwin (1809–1882), dass gegenwärtige Arten sich aus früheren entwickelt haben.

Über Jahrhunderte galten Raupen – in geistiger Nachfolge von Aristoteles' (384–322 v.Chr.) Auffassung – als kriechende Eier. Zwar stellte Maria Sibylla Merian schon 1679 in ihrem viel beachteten Werk »Der Raupen wunderbare Verwandelung und sonderbare Blumennahrung« verschiedene Schmetterlinge als Ei, Raupe, Puppe und Falter mit ihrer jeweiligen Futterpflanze dar. Dennoch herrschte noch einige Forschergenerationen lang ein geradezu verblüffendes Verkennen dessen vor, was Frosch, Käfer, Schmetterling, kurzum: was über 80% aller Tierarten vorleben – die Verwandlung eines Lebewesens in ein augenscheinlich anderes.

Das lang andauernde Verkennen ist schwer zu fassen. Zumal ja die europäischen Produzenten von Naturseide – seit Seidenraupen um die Mitte des 6. Jahrhunderts erfolgreich von China nach Konstantinopel geschmuggel worden waren – Tag für Tag die Abfolge Ei – Raupe – Puppe – Schmetterling vor Augen hatten. Versuchen wir einen neuzeitlichen Blick auf das alte Wunder.

### FARBLOSES BLUT

Sie bluten nicht, aber sie haben Herz. Das Insekten-»blut« ist die Hämolymphe, eine Art Mix aus Blutplasma und Lymphflüssigkeit. Die wird durch das röhrenartige Insektenherz (im Abdomen platziert) durch den Körper gepresst, der kein Äderwerk und kein geschlossenes Kreislaufsystem hat. Diese Flüssigkeit kann, wie »richtiges Blut« Nährstoffe transportieren.

## GENESE EINES WUNDERS

Wenn man davon ausgeht dass Metamorphose nicht schon am Anfang allen Lebens als Fertigkeit der Natur existiert haben kann, stellt sich die Frage: Wie kann sich etwas so Differenziertes, Kompliziertes entwickelt haben? Es kann sich nur in mehreren Schritten über viele Zwischenstufen herausgebildet haben, über Stadien, von denen jedes für sich genommen lebensfähige Arten hervorgebracht haben muss. Wäre dem nicht so gewesen, hätte die Entwicklung hin zur Metamorphose schon früh als toter Ast der Evolution geendet. Die Frage nach den lebensfähigen Zwischenstufen auf dem Weg zur »kompletten« Metamorphose können wir hier nur stellen, nicht beantworten. Es gibt verhältnismäßig wenig lesbare Versteinerungen von erdalten Insekten.
Gehen wir etwas dichter an das Vorfindliche heran. Es hat ein bestimmter Schmetterling, ein Käfer, eine Libelle immer die gleiche DNA, unabhängig davon ob die Genannten gerade das Stadium Ei, Raupe, Puppe oder Imago (= fertiges, fortpflanzungsfähiges Insekt) innehaben.

Das ist so, obgleich eine Raupe, bei der sich nur die messerscharfen Mandibeln (Fressorgane) schnell bewegen, ein völlig anderes Wesen ist – oder zu sein scheint? – als seine Nachfolgegestalt, zum Beispiel ein schnell fliegender Falter. Unter den vielen, von Rätseln umstellten Fragen zur Metamorphose ist diese womöglich die spannendste: Wie

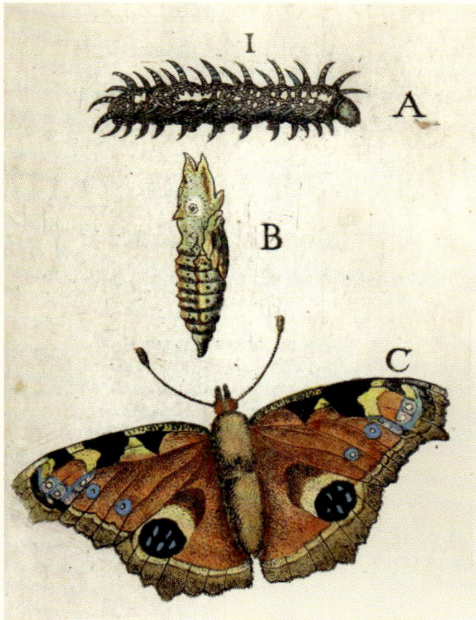


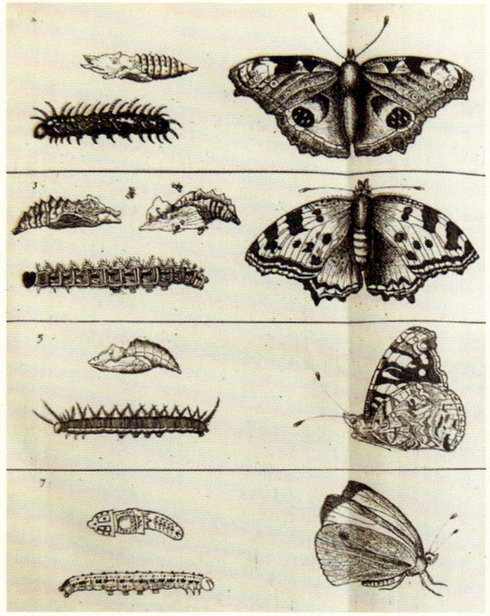

## MIT PINSEL und COMPUTER-TOMOGRAPHIE

Der niederländische Maler und Insektenforscher Johannes Goedaert war um 1662 wahrscheinlich der Erste, der die Abfolge Ei - Raupe - Puppe - Schmetterling richtig und ästhetisch anspruchsvoll darstellte. Nur 17 Jahre später zeigte Maria Sibylla Merian ihre künstlerisch noch weit anspruchsvolleren Kupferstiche zu den Entwicklungszyklen der Schmetterlinge (Bild rechts)
Rund 360 Jahre später kann die Wissenschaft mit Mikro-CT-Röntgentechnik (Bild unten) in die Puppe schauen. Die kolorierte Impression zeigt den 16. Tag eines Schmetterlingsembryos. (J. R. Soc. Interface, doi: 10.1098/rsif.2013.0304)

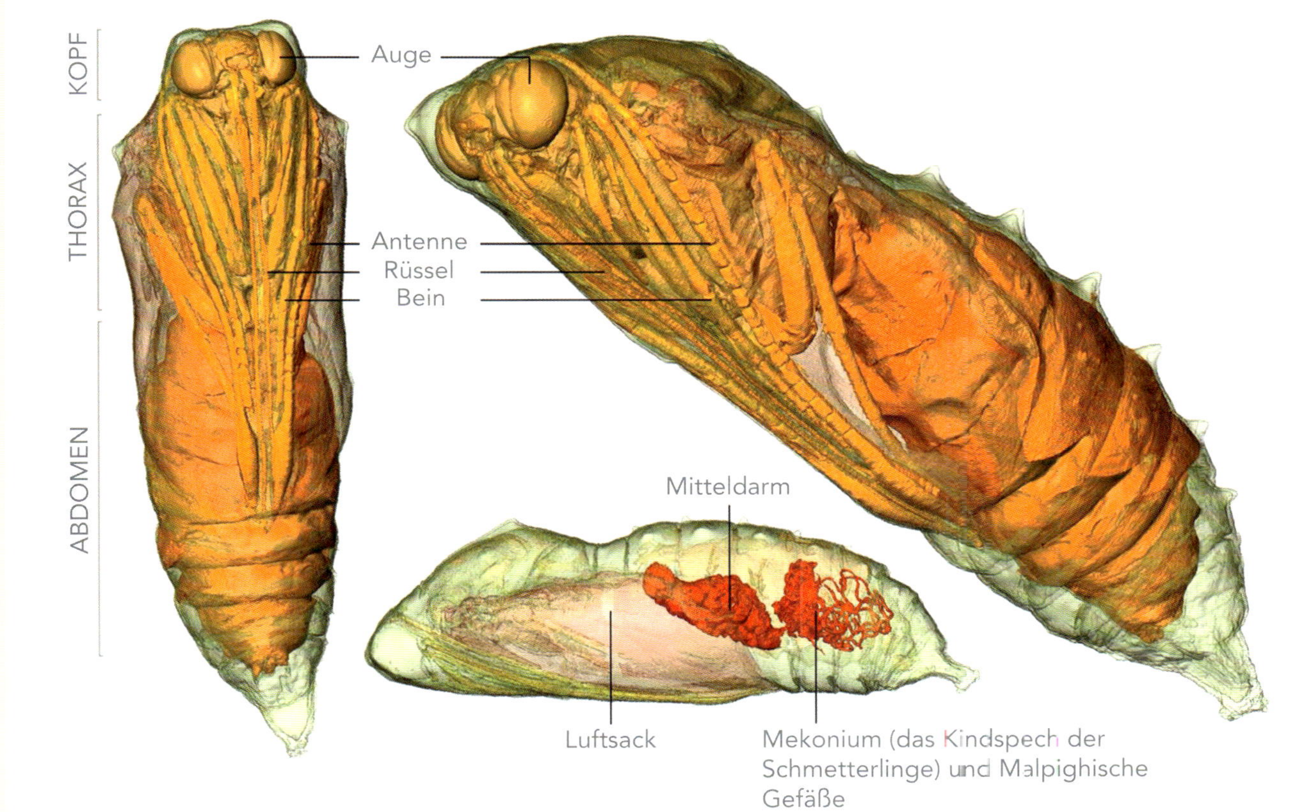

Puppe eines Asiatischen Schwalbenschwanzes *(Papillio lowii)* (links) und eines nahen Verwandten (rechts)

Puppe von Maacks Schwalbenschwanz
*(Pupillio maacki)* (links) und eines nahen
Verwandten (rechts)

PUPPET SHOW (jeweils von links nach rechts)
OBEN
*Phoebis argante, Pachliopta kotzebuea, Dophla evelina, Eryphanis polyxena*
MITTE
*Hamadryas feronia, Parthenos sylvia, Idea leuconoe, Phoebis sennae*
UNTEN
*Morpho peleides, Caligo memnon, Argema mittrei, Danaus plexippus*

kann ein Bauplan zwei total unterschiedliche Wesen erfolgreich »in Auftrag geben«? Oder gibt es womöglich zwei Baupläne in einem?

## BAUPLAN ODER BAUPLÄNE?

Spätestens hier verlassen wir die Gefilde, von denen Wissenschaftler sagen, sie hätten sie vermessen und kennten sich aus. In Ermangelung von Gewissheiten folgen wir dem kenntnisreichen Professor für Biologie an der Universität Vermont, Bernd Heinrich, der neben großer Fachkompetenz auch die Fähigkeit zur verständlichen Darlegung hat. Heinrich stellt, bevor er sich dem Mysterium der Wandlung widmet, fest, dass eine Raupe mit ihren langsamen Bewegungen, die von Vögeln schwer auszumachen sind, genauso gut auf eben diese Hauptfeinde eingestellt ist wie ihre Nachfolgegestalt, der schnell oder gaukelnd fliegende Schmetterling, der schwerer zu packen ist als ein Geradeaus-Flieger.

Die sehr entfernten, frühen Vorfahren aller Insekten waren Krustentiere, die vor mehr als 400 Millionen Jahren mit ihren Schutzpanzern aus dem Meer an Land gingen. Ihre Panzer wurden im Laufe der Evolution zu den berühmten Außenskeletten, die für die Insektenwelt artübergreifend typisch sind.

Für etliche Ordnungen wie Silberfische, Springschwänze, aber auch Heuschrecken und Wanzen blieb es beim linearen Wachstum: Was aus den Eiern schlüpft, ist die Miniatur der

Erwachsenengestalt. Das Kunststück, das es zu vollbringen gilt, besteht bei diesen Insektenordnungen lediglich darin, jeweils im richtigen Moment, wenn ihr Wachstum es erfordert, neue, größere Panzer anzulegen. Präzise getimtes Aus-der-Haut-Fahren und Sich-neu-Einpanzern. Diese »Halb-Umwandler« gruppiert die Wissenschaft als Hemimetabolen in Abgrenzung zu den »Total-Umwandlern« à la Libelle, Fliege, Käfer und Schmetterling, den Holometabolen.

## WIEDERGEBURT IN SERIE

Bei den Komplett-Umwandlern kann man annäherungsweise von Wiedergeburt aus dem eigenen, absterbenden Körper sprechen. Und weil, wie gesagt, die Raupe keine andere genetische Ausstattung hat als der ihr nachfolgende Schmetterling, kann es nur so sein, dass die Anweisungen zum »Raupen-Bau« abgeschaltet werden und andere, zuvor inaktive, eingeschaltet: nämlich die zum Schmetterlings-Bau aus dem demontierten Raupenkörper. Und das immer dann, wenn es zeitlich exakt passt. Das aber lässt es pausibel erscheinen, dass zwei Baupläne – von denen jeweils nur einer aktuell und aktiviert ist – nebeneinander existieren.

Ist das wirklich denkbar? Bernd Heinrich[1], der sich auf Publikationen des Meeresbiologen Donald Williamson (2009) stützt, sagt: Ja.
Zur Veranschaulichung der Hypothese ein Blick aufs ganz, ganz Kleine: Der DNA-Transfer über Artgrenzen hinweg findet statt, wie Experten schon seit Längerem wissen, wenn Bakteriophagen (Bakterienfresser) ein Bakterium infizieren. »Oft übertragen sie dann genetisches Material von der infizierten Zelle in das Genom einer anderen, wo es aufgenommen und im Anschluss unendlich vervielfacht wird, während sich die Zelle teilt und vermehrt«, so Heinrich. Bei den aufs Kleinste spezialisierten Wissenschaftlern heißt dieser Prozess »Transduktion« und ist als Basisinstrument der Molekularbiologen so zentral wie die Schere für den Schneider. Heinrich und andere vermuten also so etwas wie Gen-Engeneering à la nature am Anfang aller totalen Metamorphose.

1 Bernd Heinrich (2019): Leben ohne Ende. Naturkunde No. 48, Matthes & Seitz, Berlin.

Dass vor ein paar Hundert Millionen Jahren in dieser oder ähnlicher Weise zwei unterschiedliche Sätze von Erbinformationen in die Mutter aller holometabolen – also sich total wandelnden – Insekten gelangt sein könnten, ist nicht erwiesen ... aber zumindest eine spannende Hypothese.

## WENN RAUPEN KNOSPEN

So weit eine mögliche Antwort auf die Wie-kam-es-dazu-Frage. Sicherer und ohne Konjunktive wie »könnte« und »womöglich« bewegen sich Wissenschaftler bei der Erforschung des Vorfindlichen, der Metamorphose, wie sie sich in guter Qualität mit Thorax-(Röntgen-)-Schichtaufnahmen der Puppen erkennen lässt.

Die Schichtaufnahmen eines dänisch-britischen Forscherteams, 2013 erstveröffentlicht (siehe Kasten Seite 93), zeigen, dass keinesfalls die ganze Raupe »eingeschmolzen« wird. Man wusste zwar schon seit einiger Zeit, dass die Larve in der Puppe Enzyme freisetzt, die große Teile des Gewebes in seine konstituierenden Proteine zerbricht. Große Teile – aber offenbar nicht alle und alles. Einige Organe werden, nur wenig verändert, übernommen. Und als wesentliche Teile des entstehenden Imago-Körpers erkannte man Knospen (Experten sprechen von Imaginalscheiben), die schon in der Raupe vorhanden sind und aus denen sich zum Beispiel Flügel und Komplexaugen entwickeln können. Einige Organe des hochbeweglichen Schmetterlings existieren also schon – eingekapselt und komprimiert wie Blattgrün in einer Knospe – in der behäbigen Raupe.

## RAUPEN-RÖNTGEN

Beim Schicht-Röntgen von Distelfalterpuppen entdeckte eine Forschergruppe aus Röntgenologen und Biologen, dass die Tracheenstruktur – also das Geflecht von Atemröhren – schon am ersten Tag der Verpuppung ausgebildet wird - wie überhaupt die großen und offensichtlichen Transformationen gleich zu Beginn der mehrtägigen Umwandlungszeit stattfinden. Die künftige Struktur – Kopf, Rumpfsegmente, Flügel- und Extremitätenkonturierung – wird schon während des ersten Fünftels der mindestens zweiwöchigen

Puppenruhe angelegt. Die verbleibenden vier Fünftel sind offenbar meistenteils mit Feinarbeit angefüllt.

Spannende Frage für künftige Generationen von »Kleinstteilchen-Forschern«: Welche Enzyme schalten aufgrund welcher Auslöser (Trigger) diesen oder jenen Bauplan ein? Oder, etwas platter, aber plastischer ausgedrückt: Wer sagt der Raupe, dass sie, wann sie und wie sie ein Schmetterling wird?

»Mutabor« war das Zauberwort, dessen Kenntnis es den Kalifen in Wilhelm Hauffs berühmtem Märchen ermöglichte, sich in Störche zu verwandeln. Vielleicht steckt ja ein universelles »Mutabor« in der Aufschlüsselung dessen, was Raupe und Co. seit Jahrmillionen im Programm haben? Für die Wissenschaft – insbesondere die Großabteilung Genetic Engeneering – ist die »Kartografie« der Umsteuerungsprogramme (wie wird der Umbau der Raupe zum Schmetterling getriggert?) eine Art »Road Map« zu neuen Ufern.

UNTEN

Dieses Bild zeigt in sieben Schritten, was in zehn Tagen innerhalb einer Puppenhülle passiert. Dargestellt wird die Entwicklung einer Schmeißfliege *(Calliphora vicina)*.

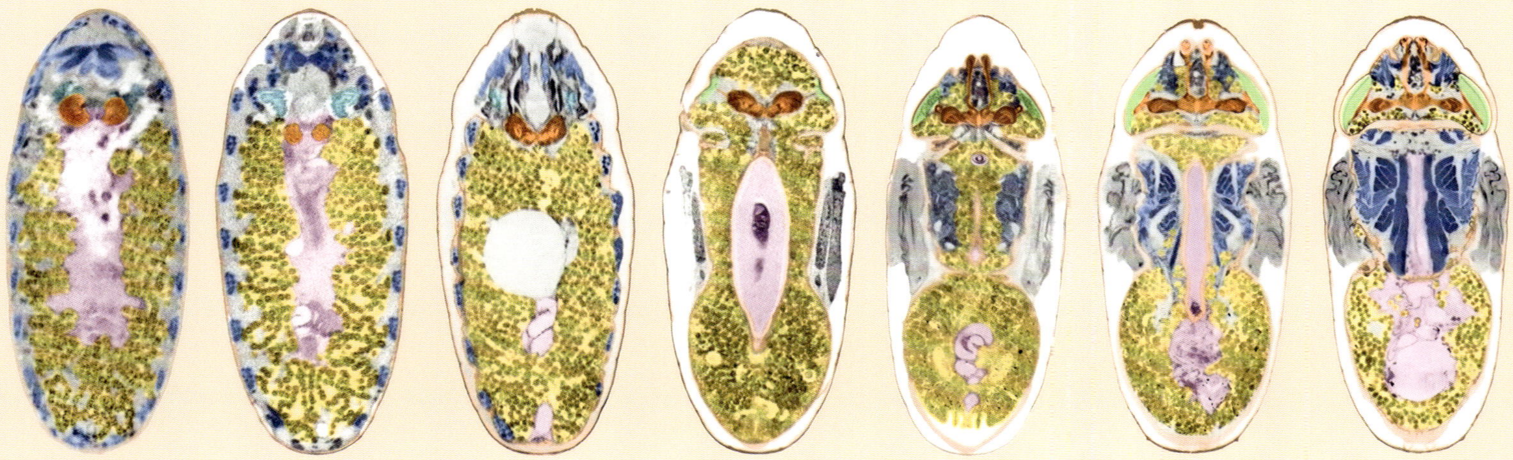

**0 h** | **6 h** | **24 h** | **2. Tag** | **3. Tag** | **5. Tag** | **10. Tag**

**0 h** Ganz links ist die Puppe unmittelbar nach Eintritt in das Puppenstadium zu sehen. Alle Organe der Made sind noch zu erkennen. Die Made hat viel Fett (gelb) im Körper gespeichert, um die Anforderungen der Metamorphose zu bewältigen.

**6 h** Schon nach sechs Stunden beginnt sich das Tier vom Kopfbereich her von der Hülle zu lösen.

**24 h** Nach 24 Stunden ist bereits rundum ein Spalt zwischen der Puppenhülle und dem Insekt zu erkennen. Der Körper der Made wird mehr und mehr aufgelöst und zu Fett umgebaut. Auch die Ringmuskulatur der Made (dunkelblau) verschwindet zusehends.

**2. Tag** Nach zwei Tagen sind die Flügelanlagen und die zukünftige Segmentierung des Fliegenkörpers in Kopf, Thorax und Abdomen zu erkennen.

**3. Tag** Am dritten Tag geht die Differenzierung weiter, und die Flügelmuskulatur und viele Details werden im Kopf sichtbar.

**10. Tag** Bis zum Tag 10 setzt sich die weitere Differenzierung der Strukturen fort, die Fettreserven sind weitgehend aufgebraucht. Das Tier ist zum Schlüpfen bereit.

- Auge
- Chitin
- Flügel
- Darm
- Fettkörper
- Gehirn
- Speicheldrüse
- Muskeln

OBEN
In einem winzigen, etwa millimetergroßen Ei beginnt das Leben eines Monarchfalters.

RECHTE SEITE
Nach etwa drei Wochen und fünf Häutungen hat sich die Raupe auf das 2000-Fache ihres Startgewichts hochgefressen. Anschließend verpuppt sie sich.

Etwa einen Tag vor dem Schlüpfen erahnt man schon die Umrisse des Schmetterlings.

12:08:02 Uhr. Die Puppenhülle ist durchsichtig geworden. Der Schlupf steht unmittelbar bevor.

12:16:54 Uhr. Die Puppenhülle beginnt, vom unteren Ende her aufzureißen ...

12:17:41 Uhr. ... und aus dem klaffenden Spalt arbeitet sich allmählich der Schmetterling heraus.

12:18:59 Uhr. Die Flügel haften zunächst noch wie formlose Lappen am Körper …

12:19:05 Uhr. … aber der Ausstieg aus der Puppenhülle ist geschafft.

12:28:00 Uhr. Hämolymphe strömt in die Flügel und bringt sie zur Entfaltung.

17:40:06 Uhr. Nun müssen die Flügel des neugeborenen Schmetterlings noch trocknen, bis er fertig ist zum Abflug in ein neues Leben (folgende Doppelseite).

LINKS
Vogelfalter *Troides helena*, Malaysia

# SCHMETTERLINGE
# DIE FUNKTION DER SCHÖNHEIT

In jüngeren Publikationen werden sie älter, die Schmetterlinge. In Fachartikeln begegnet man meist der Zahl 135. So viele Jahrmillionen soll der Bausatz Schmetterling auf Erden schon existieren. Neuerdinds steht die Zahl bei 200 Millionen. In Gesteinsschichten des Jura fand man in Norddeutschland in 228 Meter Tiefe fossilisierte Flügelschuppen, die eine Rückdatierung um rund 70 Millionen Jahren erlauben soll![1]

Sicher und gesichert ist, dass es Schmetterlinge schon vor den ersten Blütenpflanzen gab – samt Saugrüssel! Diese geniale Verlängerung diente ursprünglich vielleicht dazu, Wasser aufzunehmen oder Pflanzensaft aus verletzten Blättern zu schlürfen. Wie genau sich die Falter in ihrer Frühzeit an Schachtelhalmen, Gräsern und anderen erdalten Pflanzen verköstigt haben, lässt sich naturgemäß nicht klären. Erst als vor etwa 145 Millionen Jahren die Blütenpflanzen entstanden und sich ausbreiteten, erschlossen sich die Schmetterlinge dank Rüssel die energiereichen Nektarquellen.

Schmetterlinge leben wohl rund 1000 mal so lange auf der Erde wie der Homo sapiens. Dass sie zu einem Erfolgsmodell der Evolution wurden (mit etwa 180.000 beschriebenen Arten sind sie die zweitstärkste Insektenordnung nach den Käfern), liegt sicherlich auch daran, dass sie der Lebensgefährlichkeit des Lebens mit einem vierstufigen Entwicklungsplan (Ei, Raupe, Puppe, Imago) begegnen konnten.

### SCHNELL IST RELATIV

Bleiben wir noch ein paar Zeilen lang beim Werden der Lepidoptera im Jahrmillionentakt der Evolution. Wie kann es in dieser Zeitspanne zur Entwicklung der Metamorphose, zur Entstehung von hauchzarten und doch tragfähigen Flügeln, zur Anpassung an die Nektarnahrung und anderen diffizilen Spezialisierungen gekommen sein?
Ein Argument in Frageform, das die Darwin-»Bezweifler« lange ins Feld führten: Wie können sich in vergleichsweise kurzer Zeit so viele Arten – und gar noch so hochdifferenzierte wie Schmetterlinge – herausgebildet haben?

Für Dr. Matthias Nuss von den Staatlichen Naturhistorischen Sammlungen Dresden ist dieses Tempo der Differenzierung durchaus plausibel: Wenn einschneidende Änderungen der Umwelt hohen (Selektions-)Druck auf Organismen ausüben, können in Wirklichkeit ziemlich schnell neue Arten entstehen.

Der Blick auf die fünf Schmetterlingsarten der Gattung Omiodes, die sich auf Hawaii auf die sogenannte Kulturbanane (»Kultur« in Abgrenzung zu Wildformen) stürzten, gibt zu denken. »Wie lässt sich dies anders erklären, als dass diese Arten nach Einführung der Banane auf dem Archipel, also in weniger als 1400 Jahren, entstanden sind?«, fragt Matthias Nuss.[2]

1 van Eldijk et al. (2018): A Triassic-Jurassic window into the evolution of Lepidopter. Science Advances vom 10. Januar 2018; 4: e1701568, 7 pp.

2 Matthias Nuss (2007): Die Evolution der Schmetterlinge *Lepidoptera*. Denisia – 0020. 587-608.

## Schmetterlinge sind als Ordnung im Weltreich der Tiere älter als bisher gedacht. Und weit differenzierter, als man es sich ausdenken könnte.

Eine relativ einfache Multiplikationsübung auf der Grundlage der Generationszeit lässt den Schluss zu: »Seit Einfuhr der Banane auf den Hawaii-Inseln vor 1400 Jahren [haben sich] etwa 9800 Omiodes-Generationen entwickelt, im Verlauf derer diese fünf an Bananen lebenden Omiodes-Arten entstanden sind.« Das ist erdgeschichtlich betrachtet ein Wimpernschlag und runtergebrochen auf evolutionäre Abläufe sensationell kurz.

Ein weit bekannteres Beispiel zum Thema Evolutionsgeschwindigkeit ist der sogenannte Industriemelanismus im England der industriellen Revolution. In jedem Biologiebuch wird beschrieben, wie im 19. Jahrhundert, als Englands Fabrikschlote noch ungefiltert qualmten, immer mehr auffallend dunkle Birkenspanner *Biston betulania* gesichtet wurden: Die Falter saßen tagsüber mit Vorliebe auf heller, flechtenbewachsener Baumrinde, wo sie zu Zeiten sauberer Luft dank ihres hellen Fleckenmusters fast unsichtbar gewesen waren. In den Industriegebieten allerdings stachen die hell gefleckten Exemplare auf der nun dunkel verrußten Rinde jedem Insekten jagenden Vogel sofort ins Auge. Eine dunkle Falter-Mutante dagegen, die bisher aufgefallen und von Vögeln rasch erbeutet worden war, wurde unter den geänderten Umweltbedingungen von Fressfeinden übersehen. Bis 1895 gehörten fast 95 % der Birkenspanner um Manchester zum dunklen Typus.

Als dann mit dem Clean Air Act in den 50-er Jahren die britische Luft allmählich wieder klarer und die Baumrinde heller wurde, ging auch der Anteil der dunklen Falter wieder zurück. Die hell Gemusterten gewannen erneut die Oberhand. Ein komplettes Hin und Zurück – getaktet vom Rußausstoß der Kaminschlote – in nur 150 Jahren.

### DIE FARBIGKEIT DER FARBLOSEN

Unzählige winzige Schuppen, die ihre Flügel wie einander überlappende Dachziegel bedecken, verleiht Birkenspannern und allen anderen Schmetterlingen ihre Muster. Diesen winzigen Chitinstrukturen verdanken Schmetterlinge auch ihren wissenschaftlichen Namen Lepidoptera (aus dem Altgriechischen: lepís, Schuppe und pterón, Flügel). Jede Schuppe trägt an der Unterseite ihrer Oberkante eine Art Stift, der exakt in eine entsprechende Vertiefung auf der Flügelhaut passt. Und genauso, wie Dachziegel bisweilen im Sturm vom Dach gerissen werden, können sich die Schuppen der Schmetterlinge vom Flügel lösen: als hauchzarter »Schmetterlingsstaub«. Ein Konstruktionsfehler? Keineswegs. Sollte der Schmetterling in ein Spinnennetz geraten, können die losen Schuppen lebensrettend sein: Der Falter flattert davon, auf den klebrigen Netzfäden bleiben nur die Schüppchen zurück. Das klappt oft, aber sicher nicht immer.

Von wenigen Ausnahmen abgesehen, sind Schmetterlingsschuppen keine massiven Plättchen – das würde sie wohl zu schwer machen und den Flug behindern. Sie sind vielmehr als raffinierte Hohlkörper aus Graten, Riefen und hauchzarten Verstrebungen ausgebildet. In diese Strukturen können Pigmente eingelagert werden.

Suchbild Birkenspanner
(oben links im Bild)

LINKS
Schönheitsgalerie: Detailimpressionen aus Schmetterlingsflügeln

NACHFOLGENDE DOPPELSEITE
Flügel des berühmten Morphofalters

SEITE 110/111
Glasflügelfalter *Greta oto*

SEITE 112/113
Der Regenwald um die Iguasu-Wasserfälle (Argentinien) ist ein Paradies für tropische Schmetterlinge.

Außerdem entstehen durch Lichtbrechung und Reflexion an den Nanostrukturen der Schuppen sogenannte Strukturfarben: Farbwirkungen, die ohne Pigmente zustande kommen, etwa so, wie vor einem spritzenden Gartenschlauch nicht Farbpigmente tanzen, sondern die Aufspaltung des Lichtes Regenbogenfarben aufscheinen lässt. Bei den Lepidoptera ergibt das Zusammenspiel aus Pigmenten und Lichtbrechungseffekten Farbigkeit und Musterung in einem einzigartigen Mosaik. Ein wenig erinnert so ein Schmetterlingsflügel an die Meisterwerke des Pointilismus mit ihren unzähligen Farbpunkten.

Farbeindrücke lassen sich aber auch ganz ohne Pigmente und ausschließlich mit Hilfe der filigranen Schuppenstrukturen erzielen. Auf oder in den Flügeln des berühmten Morphofalters zum Beispiel, dessen blau schillernde Flügel noch in einem Kilometer Entfernung zu erkennen sind, lagert nicht ein einziges Pigmentkörnchen. Nur Lichtbrechung und Reflexion an den Flügelschuppen bewirken den spektakulären Farbeffekt.

Lange Zeit hielt man die Raffinesse der Farben ohne Farbpigmente für ein spätes Ergebnis der Evolution. Doch das ist falsch. Wissenschaftler der Chinesischen Akademie der Wissenschaften in Nanjing fanden 180 Millionen Jahre alte, »lesbare« Fossilien aus der mittleren Kreidezeit. Die offenbarten, dass die damaligen Schmetterlinge schon metallisch-bronzefarben geschillert haben.[3]

3 Qingqing Zhang et al. (2018): Fossil scales illuminate the early evolution of lepidopterans and structural colors. *Science Advances vom 11 Apr 2018: Vol. 4, no. 4, e1700983, 9 pp.*

Der Fund der schimmernden Flügelschuppen und seine Entschlüsselung gilt als Sensation: Das Erscheinen von Strukturfarben bei Schmetterlingen geschah demzufolge mindestens 130 Millionen Jahre früher als angenommen. Außerdem vermuten die Experten – nach vergleichender Analyse mit anderen Fossilien –, dass auch schon der gemeinsame Vorfahr der Schmetterlinge und der Taumelflügler – einer lange ausgestorbenen Ordnung – Flügelschuppen hatte. Das wären also 180 Millionen Jahre plus x, wobei x eine große Zahl sein könnte.

**SEHEN TAUSEND AUGEN MEHR ALS ZWEI?**

Die Augen von Schmetterlingen und anderen Insekten bestehen aus einer Vielzahl von Einzelaugen, den sogenannten Ommatidien. Weil ein Insektenauge mit seinen Teilaugen an die sogenannten Facetten, die Feinschliffflächen eines Edelsteins, erinnern, nennt man solche Augen auch Facettenaugen. Wegen der halbkugeligen Form der Facettenaugen weist jedes der Teilaugen in eine etwas andere Richtung und gibt folglich einen etwas anderen Bildausschnitt wieder: Insekten haben den perfekten Rundumblick. Sie sehen zwar nicht so scharf wie Adler, Katze oder Mensch, aber ihre Fähigkeit, Bewegungen wahrzunehmen, ist enorm.

## APOLLO UND RITTER

Doch zurück in die Gegenwart und in den Schmetterlingsalltag. Wenn sich Schmetterlinge, um den arteigenen Weibchen angenehm ins Auge zu stechen, besonders bunt und auffällig präsentieren, laufen sie naturgemäß Gefahr, den Falschen aufzufallen, zum Beispiel scharfäugigen Vögeln. Die Falter sichern sich gegen dieses Risiko mit einer recht einfachen Methode ab: In Ruhehaltung klappen sie die Flügel auf dem Rücken zusammen. Da die Unterseite in der Regel unauffällig grau braun gemustert ist, könnte man den Falter in dieser Haltung für ein welkes Blatt oder ein Stück Rinde halten. Er ist getarnt und oft so gut wie unsichtbar.

Doch es geht auch raffinierter. Einige unter den prachtvollen Ritterfaltern (zu dieser Gruppe gehören zum Beispiel Apollo, Segelfalter und Schwalbenschwanz) tragen Flügelmuster, die UV-Licht entweder absorbieren oder reflektieren. Das sieht kein Mensch. Und auch kein Vogel. Aber die, die es sehen sollen, sind im Bilde: die Geschlechtspartner.

Nicht immer gelingt es, Feindkontakte ganz zu vermeiden; auch der wachsamste Schmetterling wird gelegentlich überrumpelt. In solchen gefährlichen Momenten kommt bei vielen Arten Plan B zum Einsatz: Sie verunsichern für einen kurzen Augenblick ihre Angreifer und nutzen den Überraschungsmoment zur Flucht. Wenn zum Beispiel Tagpfauenaugen in Bedrängnis geraten, klappen sie die Flügel auf und ziehen die Vorderflügel nach vorne. Urplötzlich scheinen vier Augen den Beutehungrigen anzustarren (siehe Seite 120/121). Auch das Kleine und das Große Nachtpfauenauge lassen die Scheinaugen auf ihren Flügeln drohend glotzen, wenn sie sich bedroht fühlen.

Ein anderes Mittel, von dem schon im Raupen-Kapitel die Rede war (siehe Seite 58), ist Giftigkeit, um potenziellen Fressfeinden gründlich den Magen zu verderben. Da giftige Falter außerdem mit auffälligen Farben vor ihrer Ungenießbarkeit warnen (Aposematismus) und sich auch noch ungewöhnlich »dreist« verhalten, gehen selbst hungrige Fressfeinde knallig gefärbten, verdächtig selbstbewussten Faltern aus dem Weg. Blutströpfchen sind ein bekanntes Beispiel für solche Giftfalter in Warntracht. Sie gehören zu den Widderchen und können in allen Entwicklungsstadien bestimmte Glykoside synthetisieren, die wiederum im Bedarfsfall Blausäure freisetzen. Gleichzeitig sind die Falter aber imstande, ihrerseits Blausäure abzubauen und unschädlich zu machen. Eine Selbstvergiftung ist damit ausgeschlossen.

Bemerkenswerterweise nehmen viele Arten das, was sie ungenießbar bis giftig macht, aus dem Raupen- durchs Puppen- bis ins Imago-Stadium mit. Giftigkeit übersteht also die Totalumwandlung von der plumpen Fressmaschine zum filigranen Flugapparat. Bei Monarchfaltern, deren Raupen sich von den auch für Menschen hochgiftigen Seidenpflanzen ernähren, ist der Gifttransport von der Raupe über die Puppe bis in den Falter nachgewiesen.

LINKS

Facettenauge eines Bananenfalters

RECHTE SEITE

Wiener Nachtpfauenauge

Noch genialer als das Sich-giftig-Machen ist das Giftig-Erscheinen. Benannt nach ihrem Entdecker, dem englischen Naturforscher Henry Walter Bates (1825 – 1892) besagt die Bates'sche Mimikry, dass Schmetterlingsarten sich bis ins kleinste Detail das Aussehen giftiger Arten zulegen können, ohne selbst in Giftigkeit investieren zu müssen. Das kann natürlich nur so lange funktionieren, wie die Zahl der Imitatoren deutlich kleiner bleibt als die der giftigen Originale. Anderenfalls würde sich der Bluff »herumsprechen«, will sagen: Soll der Nachahmertrick dauerhaft funktionieren, muss die Zahl der Jäger, die nach dem Biss ins Giftige buchstäblich das Kotzen bekommen, verlässlich hoch bleiben.

## DAS RICHTIGE ESSBESTECK

Schmetterlinge haben noch vor der Entwicklung der ersten Blütenpflanzen ein geniales Instrument entwickelt: den Saugrüssel, mit dessen Hilfe sie die gehaltvolle Nahrung in den Blüten nutzen können (siehe Bild unten). Die allermeisten Schmetterlinge setzen, um bei Kräften zu bleiben, auf Powernahrung auf Nektar. Aber auch der Saft gärender Früchte oder Flüssigkeiten, die aus Tierkot sickern, sind bei vielen Arten gefragt. Um sich solche Cocktails erschließen zu können, nutzen sie Teile der Unterkiefer, die zu zwei Halbröhren umgebildet sind und – mittels Falz verbunden – eine Art Saugröhrchen entstehen lassen. Wird der Rüssel nicht gebraucht, ruht er uhrfederartig zusammengerollt unter dem »Kinn« des Schmetterlings. Erst wenn er zum Einsatz kommen soll, wird er mittels Druckerhöhung der Hämolymphe ausgerollt. Die Treffsicherheit, die Falter dabei an den Tag legen, ist beeindruckend. Europameister ist das Taubenschwänzchen, das wie ein Kolibri im Schwirrflug mit ausgerolltem Rüssel vor seiner

Auch ein Bananenfalter gerät in Schräglage, wenn er seinen Rüssel zu lange in vergorene Früchte gesteckt hat.

Nahrungsblüte in der Luft »steht« und trinkt. Eine flugtechnische und feinmotorische Spitzenleistung. Rekordhalter in Rüsselfragen ist wohl der südamerikanische Schwärmer *Amphimoea walkeri*: Sein Saugrüssel wird 280 Millimeter lang!

### DAS RÜSSEL-PARADOXON

Zweifellos ist der Schmetterlingsrüssel eine geniale Entwicklung, und doch verbirgt sich darin ein Paradoxon: ein »Geht eigentlich nicht«. Der Vergleich mit dem Trinkstrohhalm, der gerne benutzt wird, trifft den Sachverhalt nicht ganz. Dr. Konstantin Kornev von der Clemson University in South Carolina stellt trocken fest, dass sich mit keiner noch so leistungsstarken Pumpe die Flüssigkeitssäule im Rüssel in Bewegung bringen ließe. »Die Flüssigkeit würde sofort anfangen zu kochen.«
Nun könnte man versucht sein zu sagen (in Analogie zu dem Bonmot von der Hummel, die fliegt, weil sie das physikalische Gesetz, das sie für flugunfähig erklärt, nicht kennt): Die Schmetterlinge kennen das Naturgesetz nicht, das sie am Strohhalmtrinken hindert, und trinken trotzdem.

Tropischer Nachtfalter, Costa Rica

Blattschmetterling *Kallima paralekta*, perfekt getarnt im Falllaub, Südasien

NACHFOLGENDE DOPPELSEITE
Ein Tagpfauenauge mit seinen charakteristischen vier Scheinaugen

Kornevs Experimente führten zu einer anderen Erklärung: Saugrüssel funktionieren eher wie ein zusammengerolltes Papiertuch. Kapillarkräfte sorgen in Verbindung mit speziellen Nanostrukturen an den Wänden des Rüssels dafür, dass ein Flüssigkeitsfilm nach oben wandert. Dabei ziehen sie die Flüssigkeitssäule im Rüssel mit sich.[4]

## DIE FÜR TABAK SCHWÄRMEN

Eine weitere Frage beschäftigt die Wissenschaft: Fliegen Schmetterlinge sozusagen aufs Geratewohl ihre begehrten Blüten an? Oder treffen sie (wie beispielsweise ein Gepard, der »weiß«, dass ein kleines, aber schnelles Beutetier ihm energetisch einen Minus-Saldo beschert und daher nicht in Frage kommt) womöglich eine sinnvolle Auswahl? Nach dem Motto: Hier werde ich, Schmetterling, mit vertretbarem Aufwand satt, dort deckt der Ertrag nicht meine Investition an Energie. Energie, die zum Beispiel nötig ist, um im Schwirrflug vor der Blüte zu stehen.

Man bot Tabakschwärmern – in gleich guter Erreichbarkeit – Blüten verschiedener Tabakarten an. Und siehe da: Die Hungrigen wählten treffsicher jeweils die Blüten der Tabakart, die am besten zu ihrem Trinkbesteck passten, also die »Beute«, die mit dem kleinsten Energieaufwand zu haben war.[5] Die wissenschaftliche Anschlussfrage – woher weiß der Schwärmer, was besonders günstig für ihn ist? – lag nahe und ließ sich ebenfalls beantworten: Die Schwärmer orteten jeweils den speziellen Duft jener Blüten, für die ihre »Essbestecke« mit dem geringsten Aufwand gut passten. Die Blüten trugen gewissermaßen ein Duftlabel, das auf die inneren Blütenstrukturen hinwies. Die Orientierung auf den jeweils besonderen Duft ist den Faltern angeboren. Das bedeutet in der Praxis, dass nicht unbedingt die »fetteste« Blüte auch die erste Wahl ist, sondern die mit dem besten Aufwand-Ertrags-Quotienten.

## GUT, BESSER, PHANTASTISCH

Manche Arten, so jedenfalls hat es den Anschein, sind so »hochgerüstet«, dass sich die Sinnhaftigkeit dem Betrachter nicht erschließt. Der asiatische Kolibrifalter, ein ungemein eleganter türkis-schwarzer Schmetterling, hat 15 Sorten von Photorezeptoren (Lichtsinneszellen) – zum Vergleich: Wir Menschen haben drei und zählen damit im Tierreich durchaus zu denen mit guter Farbsichtigkeit.

Die Forscher, die dem Kolibrifalter so genau in die Augen (siehe auch Kasten auf S. 112) geschaut haben, meinen, auch *Graphium sarpedon* sähe im Normalbetrieb mit nur vier Rezeptoren. Wozu dann aber die elf anderen? Könnte es womöglich auch um die superschnelle Farbsichtigkeit gehen, eine Disziplin, in der jede Biene jedem Menschen haushoch überlegen ist? Sondersichtigkeit für polarisiertes Licht? Abdeckung des gesamten Farbspektrums? Man weiß es nicht. Noch nicht? Die Forscher lassen sich mit dem Satz zitieren: »Ist es nicht faszinierend, sich vorzustellen, wie diese Schmetterlinge ihre Welt sehen?«
Ja, ist es.

4 American Institute of Physics. »Butterfly proboscis to sip cells.« *Science Daily.* 15 November 2009.

5 Alexander Haverkamp et al. (2016): Innate olfactory preferences for flowers matching proboscis length ensure optimal energy gain in a hawkmoth. *Nature Communications* 7, Article number: 11644. Vom 13. Mai 2016: 9 pp.

Und auch was Schmetterlinge hören, ist nach unseren Maßstäben nicht von dieser Welt. Die Große Wachsmotte – nicht besonders beliebt bei Imkern – kann bis zu 300 Kilohertz hören. Das ist wahrscheinlich Weltrekord im Tierreich – und liegt 100 Kilohertz über der Frequenz jagender Fledermäuse, denen auszuweichen höchstwahrscheinlich der Auslöser war.

Wachsmottenohren sitzen übrigens nicht am Kopf, sondern im Brustbereich: zwei winzige Hohlräume, von dünnen Membranen gedeckelt, die an darunter liegende Hochleistungssensoren gekoppelt sind.

Aber nochmals, warum diese »Überqualifizierung«, wenn doch die Rufe jagender Fledermäuse höchstens knapp über 200 Kilohertz reichen? Möglicherweise gibt es Fledermäuse oder hat es gegeben, die von uns unbemerkt in den 300er-Bereich vorstoßen konnten? Für wahrscheinlicher aber halten es die Experten, dass der größere Hörbereich die Reaktionszeit für den Falter verkürzt. Wachsmotten hören ein Signal innerhalb von zehn Mikrosekunden, Eulenfalter brauchen 60 Mikrosekunden.[6]

Eulenfalter waren es auch, an denen erstmals bewiesen wurde, dass Nachtfalter die Jagdschreie von Fledermäusen hören; viele können den Fressfeinden mit blitzschnellen Sturzflügen entkommen. Andere Nachtfalter sausen Haken schlagend davon oder weichen in die Gegenrichtung aus.
Theresa Hügel und Holger Goerlitz vom Max-Planck-Institut in Seewiesen haben herausgefunden, dass nicht nur jede Nachtfalterart ihre eigene Methode der Feindvermeidung hat. Die Fluchtstrategien sind oft auch noch individuell verschieden.[7] Der Vorteil: Je unberechenbarer sich Nachtfalter verhalten, desto schlechter können sich Fledermäuse auf ihre Tricks einstellen.

Einige Seidenspinnerverwandte machen es anders: Sie setzen auf Ablenkung. An ihren Hinterflügeln sitzen Anhänge, die im Flug ein Echo erzeugen. Dieses Geräusch lenkt die Aufmerksamkeit der Fledermäuse vom Falter weg auf die hinterherflatternden Flügelanhängsel. Eine Gruppe Gespinstmotten aber ist Meister aller Klassen: Obwohl sie selbst taub sind, erzeugen sie im Flug ständig Ultraschall-Klicklaute. Was wie akustischer Selbstmord wirkt, ist ein höchst raffinierter Schutzmechanismus: Die Gespinstmotten geben ähnliche Laute von sich wie eine Gruppe giftiger Bärenspinner, die ihre Fressfeinde mit Klickgeräuschen vor ihrer Giftigkeit warnen. Da nachts knallige Warnfarben unbemerkt bleiben würden, müssen Bärenspinner akustisch warnen – und ihre Nachahmer ebenso. Mimikry kann auch auf die Ohren gehen!

LINKE SEITE UND OBEN
Distelfalter wandern Ende des Sommers in lang gezogenen, lockeren Schwärmen Richtung Süden. Gegen Kälte und Nahrungsmangel im Herbst helfen weder scharfe Sinne noch blitzschnelle Flugmanöver.

6 Michael Marshall (2013): Zoologger The moth with the highest-pitched hearing. *New Scientist* vom 8.Mai 2013.

7 Theresa Hügel und Holger Goerlitz (2019): Species-specific strategies increase unpredictability of escape flight in eared moths. *Functional ecology*, Band 33, Ausgabe 9: 1674-1683.

Es ist eines der alltäglichsten Dinge im Weltreich der Schmetterlinge und dennoch zauber- bis rätselhaft. In zerbrechlichen Hüllen wird in zwei bis vier Wochen aus dick und plump zart und beweglich.

## ERST VORGLÜHEN, DANN STARTEN

Für Schmetterlinge vergeht das Leben buchstäblich im Flug. Balz, Futtersuche, Flucht, oft sogar die Eiablage und die Paarung – alles spielt sich in der Luft ab. Aber so viel Schwerelosigkeit gibt es nicht ganz zum Nulltarif. Fliegen ist nur möglich, wenn die Flugmuskeln mindestens 24 Grad warm sind. Da Schmetterlinge wie alle Insekten von der Umgebungstemperatur abhängig sind, ist das an kühlen Tagen nicht einfach. Doch mit ein paar Tricks kommen sie dennoch auf die erforderliche Flugtemperatur.

Die einfachste Methode ist ein Sonnenbad. Tagpfauenauge, Kleiner Fuchs, Kaisermantel und viele andere sieht man an kühlen Morgen oft mit ausgebreiteten Flügeln auf hellen Steinen oder Hausmauern sitzen. Da helle Flächen Wärmestrahlung reflektieren, heizen sich die dunklen Flügelunterseiten und Körper der Falter auf. Samtfalter, Postillons- und Zipfelfalter dagegen klappen ihre Flügel beim Sonnenbad auf dem Rücken zusammen. Dabei richten sie die Flügel so aus, dass die Sonnenstrahlen senkrecht auf den Flügelunterseiten auftreffen. Wird ihnen zu heiß, machen sie es andersherum: Sie richten die hochgeklappten Flügel parallel zu den einfallenden Sonnenstrahlen aus, so dass sie ihnen nur eine minimale Oberfläche bieten.

An wolkigen Tagen können sich Falter mit Muskelzittern auf Touren bringen. Admiral, Tagpfauenauge und Kleiner Fuchs bibbern manchmal minutenlang mit hochgeklappten Flügeln, um sich für den nächsten Flug aufzuwärmen. Nach ein bis zwei Minuten Muskelzittern sind sie startklar. Auch nachtaktive Falter kommen mit dieser Methode auf Betriebstemperatur. Müssten sie auf 24 Grad warme Nächte warten, könnten sie in unseren Breiten nicht leben.

Eine Spitzenleistung der Wärmeabsorption hat der Falter *Pachliopta aristolochiae* entwickelt: Die vorherrschende Farbe seiner Flügel ist pechschwarz. Zudem haben seine Flügelschuppen eine so raffinierte Nanostruktur, dass sie Sonnenlicht in einem großen Spektralbereich und selbst aus ungünstigen Einstrahlungswinkeln fast vollständig absorbieren. Bioniker erhoffen sich von ihm wertvolle Anregungen für die Photovoltaik.

## SOMMER, EINEN MONAT LANG

Aber wie übersteht ein Sommervogel den Winter, wenn Raupenfutterpflanzen verwelkt und Nektarquellen versiegt sind und eisige Temperaturen Schmetterlinge bewegungsunfähig machen? Wenige Arten wie Tagpfauenauge, C-Falter, Kleiner Fuchs und Trauermantel überwintern als fertige Falter.

LINKS

Einer der Kleinsten: *Ectoedemia groschkei* hat eine Flügelspannweite von 8 mm.

RECHTE SEITE

Zitronenfalter überstehen unbeschadet bis zu 20 Grad unter null.

*Micropterix osthelderi* aus der Familie der Urmotten hat keinen Saugrüssel, sondern Kiefer, mit denen er Pollenkörner knabbert.

Sie suchen sich einen Unterschlupf in hohlen Bäumen, Holzstößen oder verlassenen Tierbauten, wo sie vor Kälte und Wind geschützt und für Fressfeinde unsichtbar sind. Die düsteren Farben der Flügelunterseiten und unregelmäßig gezackte Flügelränder etwa beim C-Falter tarnen sie, während sie kältestarr auf wärmere Tage warten. Zitronenfalter überstehen die eisigen Monate sogar ungeschützt im Freien. Dank Glyzerin und Gefrierschutzproteinen in ihrer Hämolymphe halten sie bis zu 20 Grad unter null aus, ohne Schaden zu nehmen.

Die meisten Schmetterlinge aber überwintern als Ei, Raupe oder Puppe. Bei den Extremisten unter den Schmetterlingen, die im Hochgebirge oder sogar am Polarkreis mit extrem kurzen Sommern leben, kann die Entwicklung vom Ei bis zum fertigen Falter Jahre dauern. Eine gewisse Berühmtheit hat der Trägspinner *Gynaephora groenlandica* erreicht. Die Raupen sind mit einem dichten, dunklen Pelz gegen die Kälte isoliert und verbringen fast 60 % der Polartage mit Sonnenbaden. Um die Mittagszeit an einem windstillen, sonnigen Plätzchen, umgeben von reflektierenden Schneeflächen, können sich die Raupen bei einer Umgebungstemperatur von 10 bis auf 30 Grad aufheizen. Fürs Fressen bleiben dann allerdings nur 20 % der Tageszeit übrig, und auch das nur drei bis vier Wochen im Jahr, wenn die Blätter ihrer Nahrungspflanze, der arktischen Weide, zu finden sind. Bis zu sieben Jahre vergehen, bis aus einem *Gynaephora*-Ei ein Falter geworden ist.

Viele Schmetterlinge begegnen Kälte, aber auch Trockenheit oder Nahrungsmangel auf ganz andere Weise. Sie setzen nicht auf Survival-Strategien, sondern wandern ab. Viele Arten ziehen nur kurze Strecken, bis sie auf günstigere Lebensbedingungen stoßen. Andere Arten aber legen regelmäßig Tausende von Kilometern zurück. Einer der ausdauerndsten Wanderer überhaupt ist der Distelfalter. Seine eigentliche Heimat sind die Steppen der Subtropen in aller Welt. „Unsere" Distelfalter kommen meist aus Nordafrika und dem Mittelmeerraum und wandern im Mai und Juni über die Alpen nach ganz Europa ein, sogar bis in den hohen Norden.

Eine Schmetterlingswanderung darf man sich allerdings nicht wie den Vogelzug vorstellen: Anders als Zugvögel fliegen die einzelnen Falter nie die ganze Strecke vom Winter- ins Sommergebiet und zurück; dazu leben sie einfach nicht lange genug. Meistens legen sie noch während der Wanderung Eier, aus denen sich wiederum wandernde Schmetterlinge entwickeln. Die Zugstrecke wird meist von den Faltern und ihren unterwegs gezeugten

Nachkommen vollzogen – fast wie ein gigantischer Staffellauf. Distelfalter beispielsweise wandern in vier aufeinanderfolgenden Generationen vom Winter- ins Sommerquartier. Für den Rückweg genügen zwei Generationen: Die Falter steigen bis auf 1000 Meter Höhe auf und lassen sich dann kräftesparend von günstigen Winden Richtung Winterquartier tragen. Einzelne Tiere legen auf diese Weise mehrere Tausend Kilometer zurück. Die gesamte Hin- und Rückreise summiert sich beim Distelfalter auf die beeindruckende Strecke von rund 15.000 Kilometern.

Der wohl berühmteste Wanderfalter ist der nordamerikanische Monarch. Er schafft die gewaltige Strecke von rund 4000 Kilometern von den Großen Seen im US/kanadischen Grenzgebiet bis nach Zentralmexiko in einer Generation. Den Rückweg bewältigen dann vier Generationen.

Lange rätselte die Wissenschaft, wie sich Weitwanderer wie die heftig beforschten Monarchfalter orientieren. Wie können sie über Tausende Kilometer die richtige Flugroute halten? Wie finden sie nach heftigen Verfrachtungen durch Winde zurück auf den richtigen Kurs?

Anfangs war die Sonne als Signalgeber in Verdacht; aber Monarchfalter waren bei diffusem Licht keineswegs desorientiert. Am (vorläufigen?) Ende einschlägiger Experimente stand die Antwort: Sie können die Magnetfeldlinien der Erde spüren. Und sie halten einen genetisch vorgegebenen Winkel (Feldlinie zu Flugrichtung) ein, der zielführend ist. Im Fall der Monarchen: Kurs Zentralmexiko.

Der Flechtenbär *(Setina aurita)* lebt in den Alpen bis auf 3000 Metern Höhe. Drei Jahre kann es dauern, bis aus dem Ei ein Falter geworden ist.

VORHERGEHENDE DOPPELSEITE
Wolken von Monarchfaltern wandern jedes Jahr aus den Vereinigten Staaten zum Überwintern nach Mexiko.

LINKE SEITE
Erst nach einem ausgiebigen Sonnenbad ist der Monarchfalter bereit zum Abflug.

OBEN
Millionen von Monarchfaltern klammern sich an Rinde und Zweige der Oyameltannen im mexikanischen Winterquartier.

NACHFOLGENDE DOPPELSEITE
Das Ziel der wandernden Monarchfalter: die Bergwälder der mexikanischen Hochebene.

OBEN Blutströpfchen
MITTE Hauhechel-Bläuling
UNTEN Passionsblumenfalter *(Dryadula phaetusa)*

NACHFOLGENDE DOPPELSEITE
Monarchfalter, getötet von einem plötzlichen Kälteeinbruch, Hochland von Mexiko

# SCHMETTERLINGSSTERBEN ABGESCHMETTERT?

Schmetterlinge sind seit alters her Sendboten und Symbolträger für Sommer, Lebenslust, Schönheit. Dieses Buch feiert ihre Exzellenz, Brillianz und Vielgestaltigkeit. Nur um dann abschließend darzustellen, dass alles von einem Hauch von Artentod umweht ist …?
Ungern.
Aber wie sonst? Vieles, was für Insekten allgemein zutrifft, gilt auch für die – nach den Käfern – zweitgrößte Insektenordnung: die Schmetterlinge. Die Artenzahl und die Gesamtzahl der Individuen nehmen in niederschmetternder Geschwindigkeit ab.

**WARM IST NICHT IMMER GUT**
Die Befunde sind nicht alle neu. Schon 1987 belegte eine Lepidoptera-Arbeitsgruppe des Schweizerischen Bundes für Naturschutz, dass sich im Mittelland der Bestand an Tagfaltern innerhalb von 100 Jahren um 99 Prozent verringert hat.[1]

Im Stammland der Schmetterlingsforscher, in Großbritannien, zeigte eine Studie aus dem Jahr 2015 – ausgewertet wurden 3 Millionen Datensätze – absolut gravierende Populationsrückgänge.[2] Und auf ganz Europa bezogen zeigt ein Drittel der Tagfalter eine Tendenz Richtung Schwund.

Ein Nebenbefund lässt aufhorchen: »Wärme liebende Arten profitieren entgegen naiver Erwartungen nicht vom Klimawandel.« (Zitate und zitierte Zahlen nach Segerer/Rosenkranz). Exemplarisch belegen das neuere Untersuchungen aus Kalifornien: »Die vielgestaltige Natur des Klimawandels offenbart sich auch darin, dass sich die Nacht- stärker als die Tagestemperaturen erhöhen. Welche Konsequenzen das hat, weiß man noch nicht hinreichend genau. Doch wahrscheinlich hat die verkürzte Erholungszeit (von hohen Tagestemperaturen) Auswirkungen.« Sicher und nachweisbar weiß man: »In den bergigen Gebieten Kaliforniens hat der Anstieg des täglichen Temperaturminimums dramatische Auswirkungen auf Insekten, besonders, wenn noch Trockenheit übers ganze Jahr dazukommt.«[3]

**ANGESCHLAGEN UND ABGESCHLAGEN**
Auch in Zentraleuropa korrelieren wärmere Winter mit dem Verlust an Landtieren Insekten eingeschlossen.[4] Und noch etwas: Das im Zuge des Klimawandels häufigere Auftreten von Extremwetterereignissen zeigt ebenfalls Auswirkungen auf Insektenpopulationen. So konnten Forscher belegen, dass in Großbritannien die Kombination aus Landverbrauch und Klimawandel einen Rückgang um 260 Großfalterarten (bei gleichzeitigem Neuzugang von 160) verursacht hat.

1 Schweizerischer Bund für Naturschutz (ed.): Tagfalter und ihre Lebensräume. Arten, Gefährdung, Schutz. Schweiz und angrenzende Gebiete. Basel 1987

2 Butterfly Conservation's UK, Conservation strategy 2025, 37 pp.

3 Christopher A. Halsch et al.: Insects and recent climate change. Special Feature Perspektive 26 2020 / Mit Bezug auf: M. L. Forister et al.: Impacts of a millenium draught on butterfly fauna dynamics Clm. *Change Response* 5, 3 (2018)

4 D. E. Bowler et al.: Cross-realm assessment of climate change impact on species' abundance trends. *Nat.* Ecol.Evol. 1, 67 (2017)

# NACHTBLIND WEGEN ZU VIEL LICHT
## VIER FRAGEN AN PETER HUEMER

**Dr. Peter Huemer**
ist ein international renommierter Schmetterlingsexperte. Er beschrieb etwa 200 neu entdeckte Schmetterlingsarten. Derzeit leitet Huemer die Naturwissenschaftlichen Sammlungen der Tiroler Landesmuseen.

**Warum fliegen Nachtfalter auf Licht?**
Gute Frage. Und die Antwort ist, dass die Experten keine eindeutige Antwort haben und es unterschiedliche Hypothesen gibt. Es heißt z.B., dass die Schmetterlinge geblendet werden und ihr Orientierungssinn damit deaktiviert wird.

**Wenn dem so ist, müssten sie doch in den nächtlich erleuchteten Städten keine Chance haben?**
Da gibt es gerade neue, hochspannende Untersuchungen. Man hat in innerstädtischen Bereichen festgestellt, dass bei nachtaktiven Arten die Zahl der Einzelaugen abgenommen hat. Das würde bedeuten, dass sie weniger lichtempfindlich sind als früher. Und das wäre eine Anpassung in verblüffend kurzer Zeit. Eigentlich eine wissenschaftliche Sensation. Und dann haben wir in der Tat mehr LED-Lampen, die viel weniger Nachtfalter irritieren. Und es gibt eine Reihe Faktoren, die mit Lichtverschmutzung nichts zu tun haben: ungespritzte Areale, Brachflächen, blütenreiche Parks und Friedhöfe, begrünte Dächer, die düngerfrei sind. Will sagen: Auch wenn die nächtliche Helle ein Problem wäre, gibt es eine Reihe von Positivfaktoren, die Belastungen durch Lichtverschmutzung mindern können.

**Werden nicht auch weit wandernde Schmetterlinge nachts von künstlichem Licht irritiert?**
Wir gehen sehr stark davon aus, dass Weitwanderer irritiert werden. Ich weiß von einer hochalpinen Station am Weißensee bei Salzburg, wo noch vor wenigen Jahrzehnten nachts durchwandernde Gammaeulen in Hunderttausender-Größenordnung gezählt beziehungsweise geschätzt wurden. Ein Glaziologe, der an der selben Stelle Untersuchungen macht, sagte mir kürzlich, zu der bewussten Jahreszeit flöge kein einziges Exemplar mehr durch.

**Weiß man, warum?**
Meine Hypothese: Wenn die Gammaeulen aus Skandinavien Richtung Mittelmeer zurückwandern, müssen sie Tausende von Lichtpunkten queren. Und wenn sie da nur alle 100 Kilometer 5% verlieren, dann verdunstet eine Wolke schnell zu einem Nichts. Das wäre eine Erklärung, warum Weitwanderer so anfällig sind.

Mehr Infos unter:
www.hellenot.org

Wir leben im Anthropozän – dem Zeitalter, in dem eine Art, *Homo sapiens*, zum Faktor wird, mit dem sich alles multipliziert. Auch die letalen Faktoren.

Alle Forscher, die sich mit den Auswirkungen des Klimawandels auf die Insektenwelt befassen, verweisen darauf, dass sich Verursachungen und Einflüsse nicht nur addieren, sondern in ihrer Wirkung potenzieren können. Einfaches Beispiel: Die flächendeckende Ausrottung von Schmetterlings-Futterpflanzen durch die moderne Landwirtschaft trifft eine Art härter, die – durch Wetterextreme geschwächt – auf die Suche nach Restlebensräumen gehen muss. Angeschlagen ist da leicht mal abgeschlagen. Oder in Frageform: Wie lange musste ein Schwalbenschwanz vor 100 Jahren nach Wilden Möhren suchen, in einer Zeit, als unsere Landschaften noch nicht ausgeräumt und totgespritzt waren? Und wie wahrscheinlich ist sein Erfolg heute, wenn der Edelfalter in unseren Agrarwüsten und zusätzlich durch Wetterextreme geschwächt auf die Suche geht?

**KUNSTDÜNGER UND AGRAR-»KULTUR«**

Die Hauptfaktoren, die sich zum Schmetterlingssterben multiplizieren, sind aus Fernsehdokumentationen und Gartenartikeln wohl hinlänglich bekannt. Es darf reichen, sie hier nur kurz zu benennen.

Da wäre zuerst und am einschneidendsten: Verlust an Lebensräumen und »Verinselung« von Restlebensräumen. Zu kleine Populationen schwächeln, insbesondere durch genetische Verarmung. Und legebereite Schmetterlinge fliegen nicht beliebig weit, um entfernte Eiablageplätze und Raupenlebensraum zu finden. Der größte Lebensraumverlust ereignet sich dort, wo es die meisten Schmetterlingsarten gibt: im Amazonasbecken. In unseren Breiten sind Versiegelung von Böden und Beseitigung noch leidlich natürlicher Ecken besonders gravierend.

Pestizide und Kunstdünger sind die durchschlagenden Totschüsse auf die Insektenwelt. Wo es infolge von Düngung zu fett wuchert, ist für Schmetterlinge nichts zu holen. Und überflüssig, es zu sagen: Gifte wirken nicht nur auf die Insekten, die von Feldfrüchten ferngehalten werden sollen. Dramatisches Beispiel: Die Neonicotinoide – Nervengifte, die Insekten orientierungslos machen – töten nicht nur, wie beabsichtigt, bohrende Schadinsekten, sondern schädigen auch Bienen und andere Bestäuber. En masse.

Lichtverschmutzung kann Nachtfalter durch direkte Berührung mit der Lichtquelle töten. Weit umfänglicher und gravierender aber ist der Verlust durch Desorientierung (siehe Interview auf der vorherigen Seite »Nachtblind wegen zu viel Licht«).

**HOFFNUNG AUS DER (SAMEN-)TÜTE**

Mit anderen Worten: Schmetterlinge sterben an uns. Und vielleicht könnten sie ja dann auch mit uns überleben? Falls Sie Ihren Garten oder Balkon insektenfreundlich einrichten wollen, ein paar Tipps vorweg: Bitte verzichten Sie auf gefüllte Sorten. Bei den »Gefüllten« sind Staubblätter zu Blütenblättern umgezüchtet; Insekten haben sie wenig zu bieten. Bitte gönnen Sie Schmetterlingsraupen ein paar wilde Winkel im Garten, wo Brennnesseln, Brombeeren, Ampfer und Disteln ungestört wachsen dürfen. Bitte lassen Sie Fallobst für die Falter liegen. Und verbannen Sie Pestizide für immer aus Ihrem Garten!

Blühwiesen sind unersetzlich – und blühende Gärten oft die letzte Rettung. Hier einige ergiebige Pflanzen für den Schmetterlingsgarten.

| BLÜTEZEIT | PFLANZENNAME<br>*Botanischer Name* | SCHMETTERLINGE |
|---|---|---|
| März – Mai | **Lerchensporn**<br>*Corydalis cava* | Nektarquelle für Zitronenfalter, Kleiner Fuchs. Die einzige Raupenfutterpflanze des hochbedrohten Schwarzen Apollo |
| April – Juni | **Echte Schlüsselblume**<br>*Primula veris* | Raupenfutterpflanze für bedrohte Falterarten wie den Schlüsselblumen-Würfelfalter und die silbergraue Bandeule |
| April – Oktober | **Rote Lichtnelke**<br>*Silene dioica* | Nektarblume für viele Falterarten, z.B. Zitronenfalter und Aurorafalter, Raupenfutterpflanze für mehrere Nachtfalter |
| Mai – Juli | **Echter Baldrian**<br>*Valeriana officinalis* | Beliebt bei Dickkopffalter, Scheckenfalter, Weißlingen und anderen. Raupenfutterpflanze für Scheckenfalter und einige Nachtfalter |
| Mai – August | **Wiesensalbei**<br>*Salvia pratensis* | Wird von Bläulingen, Weißlingen, Schwalbenschwanz und dem seltenen Nachtkerzenschwärmer besucht. |
| Mai – September | **Kronwicke**<br>*Coronilla varia* | Bläulinge, Weißlinge, Dickkopffalter, Distelfalter, Widderchen und andere |
| | **Waldgeißblatt**<br>*Lonicera periclymenum* | Die stark duftenden Blüten öffnen sich erst abends. Nektarquelle vor allem für Nachtfalter wie den Mittleren Weinschwärmer. |
| Juni – August | **Hornklee**<br>*Lotus corniculatus* | Ergiebige Nektarpflanze für Bläulinge, Perlmuttfalter, Scheckenfalter, Dickkopffalter, Dukatenfalter und Widderchen. Raupenfutterpflanze für mehrere Widderchen, Kleines Nachtpfauenauge, einige Bläulinge |
| | **Natternkopf**<br>*Echium vulgare* | Beliebte Nektarpflanze für Widderchen, Eulenfalter, Dickkopffalter, Goldene Acht, Segelfalter, Schwalbenschwanz, Bläulinge und andere |
| | **Schmetterlingsflieder**<br>*Buddleja spec. z.B. davidii* | Ergiebige Nektarpflanze für Distelfalter, Admiral, C-Falter, Kleiner Fuchs, Kaisermantel, Weinschwärmer, Tagpfauenauge und andere |
| | **Weidenröschen**<br>*Epilobium spec.* | Schwärmer – darunter auch streng geschützte Arten – schwärmen für Weidenröschen. Wichtige Raupenfutterpflanze |
| Juni – September | **Schafgarbe**<br>*Achillea millefolium* | Beliebt bei Feuerfalter, Distelfalter Ochsenauge, Eisvogel, Tagpfauenauge, Wiesenvögelchen und anderen |
| | **Blutweiderich**<br>*Lythrum salicaria* | Eine der besten Falterpflanzen. Besucht von C-Falter, Kleiner Fuchs, Waldportier, Ochsenauge, Bläulingen, Weinschwärmer. Raupenfutterpflanze für mehrere Nachtfalterarten |

| **BLÜTEZEIT** | **PFLANZENNAME**<br>*Botanischer Name* | **SCHMETTERLINGE** |
|---|---|---|
| Juni – September | **Echter Lavendel**<br>*Lavandula angustifolia* | Besucht von Schmetterlingen wie Weißlinge, Kleiner Fuchs, Schwalbenschwanz, Segelfalter, Tagpfauenauge |
| | **Seifenkraut**<br>*Saponaria officinalis* | Vor allem Nachtfalter wie Ligusterschwärmer oder Weinschwärmer holen sich Nektar am Grunde der tiefen Blütenröhren. |
| | **Tauben-Skabiose**<br>*Scabiosa columbaria* | Beliebt bei Kleiner Fuchs, Widderchen, Samtfalter, Bläulingen, Schachbrett, Perlmuttfalter, Mohrenfalter, Ochsenauge |
| | **Karthäusernelke**<br>*Dianthus carthusianorum* | Lange, tiefe Blütenröhren – perfekt für Dickkopffalter, Schwalbenschwanz, Zitronenfalter und andere |
| | **Rote Spornblume**<br>*Centranthrus ruber* | Baldrianverwandte, beliebt bei verschiedenen Schwärmern, Admiral, Distelfalter, Ochsenauge und anderen |
| | **Echte Katzenminze**<br>*Nepeta cataria* | Beliebt bei Distelfalter, Goldzünsler, Labkrautschwärmer und anderen |
| | **Wiesen-Flockenblume**<br>*Centaurea jacea* | Beliebte Nektarpflanze für Schachbrett, Kleiner Fuchs, Perlmuttfalter, Postillon, Ochsenauge, Bläulinge und andere. Raupenfutterpflanze! |
| Juni – Oktober | **Blauer Ysop**<br>*Hyssopus officinalis* | Magnet für viele Schmetterlingsarten und andere Blütenbesucher |
| Juli – August | **Wilde Karde**<br>*Dipsacus sylvestris* | Segelfalter, Tagpfauenauge, Distelfalter, Kaisermantel, Schwalbenschwanz und andere. Distelfinken lieben die Samen. |
| Juli – September | **Oregano**<br>*Origanum vulgare* | Beliebt bei Kleiner Fuchs, Landkärtchen, Kaisermantel, Bläulingen, Apollo, Perlmuttfalter, Wiesenvögelchen, Goldener Acht und anderen |
| | **Große Fetthenne**<br>*Hylotelephium telephium* | Magnet für Tagfalter wie Tagpfauenauge, Kleiner Fuchs, C-Falter und andere |
| Juli – Oktober | **Eisenkraut**<br>*Verbena bonariensis* | Beliebte Schmetterlingsweide, unter anderem für Zitronenfalter, Admiral, Kleiner Fuchs, Bläulinge und Distelfalter |
| August – Oktober<br>(je nach Sorte) | **Raublatt-Aster**<br>*Aster novae-angliae* | Beliebt bei Tagpfauenauge, Zitronenfalter, Admiral, Distelfalter, C-Falter, Bläulingen und anderen |

## Vitae

Der Fotograf
**INGO ARNDT** ist ein weltweit renommierter Tier- und Naturfotograf mit Veröffentlichungen in führenden Magazinen. Er wurde mit zahlreichen Preisen ausgezeichnet, u.a. achtmal beim »Wildlife Photographer of the Year«.

Das Autorenteam
**VERONIKA STRAASS** ist Diplombiologin, Übersetzerin, Journalistin und Sachbuchautorin im Themenbereich Ökologie und Ethologie (»Wandlungskünstler«, »Spielregeln der Natur«, »Mit Kindern die Natur entdecken«).

**CLAUS-PETER LIECKFELD** schrieb Artikel und Bücher, häufig zu Themen wie Ökologie und Ethologie. Außerdem historische Romane, zuletzt »Anwalt der Hexen» und »Die Flucht des großen Jägers«. Ferner Tiererzählungen (»Die Wiederkommer«).

## Literatur zum Thema


**Arndt, Ingo** und **Claus-Peter Lieckfeld** (2008): Nomaden des Windes. Der Zug der Monarchfalter und andere Schmetterlingswunder. Frederkind & Thaler

**Bellmann, Heiko** und **Rainer Ulrich** (2016): Der Kosmos Schmetterlingsführer: Schmetterlinge, Raupen und Futterpflanzen. Franck Kosmos Verlag

**Bernd Heinrich** (2019): Leben ohne Ende, Naturkunde No. 48, Matthes & Seitz

**Brandstetter, Johann** (2019): Wie Schmetterlinge leben: Wundersame Verwandlungen, raffinierte Täuschungen und prächtige Farbspiele. Haupt Verlag

**Lunau, Klaus** (2011): Warnen, Tarnen, Täuschen: Mimikry und Nachahmung bei Pflanze, Tier und Mensch. Wissenschaftliche Buchgesellschaft

**Merian, Maria Sibylla** (2020): Der Raupen wundersame Verwandelung und sonderbare Blumennahrung. Favoritenpresse

**O'Toole, Christopher** (2000): Alien Empire. Das Reich der Insekten. Knesebeck Verlag

**Reichholf, Josef** (2018): Schmetterlinge: Warum sie verschwinden und was das für uns bedeutet. Carl Hanser Verlag

**Segerer, Andreas** und **Eva Rosenkranz** (2018): Das große Insektensterben: Was es bedeutet und was wir jetzt tun müssen. Oekom Verlag

**Straaß, Veronika, Claus-Peter Lieckfeld, Nicole Ottawa** und **Oliver Meckes** (2021): Wandlungskünstler – Die geheime Erfolgsgeschichte der Insekten und wie sie weitergehen kann. Dölling und Galitz Verlag

Was die Raupe das »Ende der Welt« nennt,
nennt der Rest der Welt »Schmetterling«.

*Laotse*

# Impressum


München · Hamburg
E-Mail: dugverlag@mac.com
www.dugverlag.de
Schwanthalerstraße 79, 80336 München
Friedensallee 26, 22765 Hamburg

Umschlaggestaltung, Layout: © Silke Arndt, Schlüchtern
Alle Fotografien in diesem Buch: © Ingo Arndt, Schlüchtern, mit Ausnahme von Seite 138 © Stefan Heim und Seite 144 Mitte und oben rechts © Veronika Straaß
Grafiken Seite 35: © Simeon Galitz
CT Aufnahme Seite 87:
Tristan Lowe, Russell J. Garwood, Thomas J. Simonsen, Robert S. Bradley and Philip J. Withers. Metamorphosis revealed: time-lapse three-dimensional imaging inside a living chrysalis
Published: 06 July 2013, https://doi.org/10.1098/rsif.2013.0304
Röntgen-Schichtaufnahme Seite 93:
Daniel Martín-Vega, Thomas J. Simonsen, Martin J. R. Hall
Looking into the puparium: Micro-CT visualization of the internal morphological changes during metamorphosis of the blow fly, *Calliphora vicina*, with the first quantitative analysis of organ development in *cyclorrhaphous dipterans*.
2017 May;278(5):629-651. doi: 10.1002/jmor.20660. Epub 2017 Feb 9.
Alle Texte: © Veronika Straaß und Claus-Peter Lieckfeld
Litho: reproline Genzeller, München
Druck: Beltz Grafische Betriebe GmbH, Bad Langensalza

ISBN 978-3-86218-150-6
1. Auflage 2022